化学工业出版社"十四五"普通高等教育规划教材

BIM技术与应用系列规划教材

装配式建筑
BIM技术及工程应用

张春巍　刘庆东　鲁丽华　主编

U0224035

化学工业出版社

·北京·

内容简介

《装配式建筑BIM技术及工程应用》介绍了BIM的定义及特点、BIM建模环境、BIM技术在装配式建筑中的应用前景及可行方式、BIM在装配式建筑设计阶段的应用及深化应用、Navisworks功能、BIM管理应用等，并配有建模视频课程和习题答案。 通过学习本书，可提高学习者和应试者装配式建筑BIM建模的操作能力，内容涵盖了初学者必须掌握的流程以及具体的工作实操要点，内容精炼实用。

本书适合土木类、建筑类、工程管理、工程造价等专业本科生、研究生及企业相关人员使用。

图书在版编目（CIP）数据

装配式建筑 BIM 技术及工程应用/张春巍，刘庆东，鲁丽华主编 . —北京：化学工业出版社，2024.2

化学工业出版社"十四五"普通高等教育规划教材 . BIM 技术与应用系列规划教材

ISBN 978-7-122-44789-0

Ⅰ.①装… Ⅱ.①张…②刘…③鲁… Ⅲ.①建筑工程-装配式构件-工程管理-应用软件-高等学校-教材 Ⅳ.①TU71-39

中国国家版本馆 CIP 数据核字（2024）第 018121 号

责任编辑：刘丽菲　　　　　　　　文字编辑：罗　锦　师明远
责任校对：刘曦阳　　　　　　　　装帧设计：韩　飞

出版发行：化学工业出版社
　　　　　（北京市东城区青年湖南街 13 号　邮政编码 100011）
印　　装：高教社（天津）印务有限公司
787mm×1092mm　1/16　印张 10　字数 232 千字
2024 年 8 月北京第 1 版第 1 次印刷

购书咨询：010-64518888　　　　　售后服务：010-64518899
网　　址：http://www.cip.com.cn
凡购买本书，如有缺损质量问题，本社销售中心负责调换。

定　　价：45.00 元

前　言

　　近年来，BIM 技术的应用带来了建筑行业的重大变革，因此应高度重视 BIM 技术的教学，这对于提升学生专业技能和从业能力有非常重要的作用。笔者认识到推进 BIM 技术教学的必要性和紧迫性，因而编写了 BIM 技术与应用系列规划教材，希望能够帮助初学者系统学习 BIM 技术。

　　《装配式建筑 BIM 技术及工程应用》为 BIM 技术与应用系列规划教材之一。本系列教材根据不同专业——建筑工程、桥梁工程、建筑设备、装配式结构等进行编写。本书内容包括装配式建筑的基本概念、发展及建造流程，BIM 技术在装配式建筑建造过程中的应用流程，Revit 技能实操，其他软件装配式 BIM 解决方案。书中提供实际案例，使读者能更好地了解并学习 BIM 技术在装配式建筑中的应用。书中还穿插了大量的技术要点，旨在让初学者快速掌握装配式建筑 BIM 建模、出图、出量，帮助初学者快速入门，通过在装配式建筑设计和施工中使用 BIM 技术达到提高生产效率的目的。书中实例来自东北设计院，在此表示感谢。为了更好地服务读者，本书案例讲解配有相应的操作视频，并提供对应的程序文件；为了方便教学，提供思考题参考答案，读者可扫码获取相应资源。

　　全书共 7 章，第 1 章和第 2 章由刘庆东编写；第 3 章由曾繁永编写；第 4 章由鲁丽华编写；第 5 章由鲁丽华、张信龙编写；第 6 章由王杨编写；第 7 章由孙成才编写。全书由张春巍统稿。

　　由于编者水平有限，书中疏漏在所难免，敬请批评指正。

编者

2024 年 4 月

目 录

第 7 章　BIM 管理应用 ································ 113

第1章 | BIM 技术概述

1.1 BIM 的定义及特点

1.1.1 BIM 的定义

BIM 是建筑信息模型（building information modeling）的简称，GB/T 51212—2016《建筑信息模型应用统一标准》中规定：建筑信息模型是在建设工程及设施全生命期内，对其物理和功能特性进行数字化表达，并依此设计、施工、运营的过程和结果的总称。

BIM 技术是一种应用于工程设计、建造、管理的数据化工具，通过对建筑进行数据化、信息化模型整合，便于建筑信息在项目策划、施工和维护的全生命周期过程中进行共享和传递，便于工程技术人员对各种建筑信息作出正确理解和高效应对，为设计、施工、运营单位在内的各方建设主体提供协同工作的基础。BIM 技术的应用，在提高生产效率、节约成本和缩短工期方面发挥了重要作用。

1.1.2 BIM 的特点

（1）可视化

可视化即"所见即所得"的形式。可视化在建筑业中的作用是非常大的，例如施工图纸只是各个构件的信息在图纸上的二维表达，但是真正的构造形式只能依靠建筑业从业人员自行想象。BIM 提供了可视化的思路，将以往的线条式构件变成一种 3D 的立体实物图形展示在人们的面前。建筑业中也有设计效果图，但是这种效果图不含有除构件的大小、位置和颜色以外的其他信息，缺少不同构件之间的互动性和反馈性。而 BIM 的可视化是一种同构件之间能够形成互动性和反馈性的可视化，由于整个过程都是可视化的，可视化的结果不仅可以用效果图展示，更重要的是，项目设计、建造、运营过程中的沟通、讨论、决策都在可视化的状态下进行。

（2）协调性

协调是建筑业中的重点工作，不管是施工单位，还是业主及设计单位，都在做着协调及相配合的工作。一旦项目的实施过程中遇到了问题，就要将各有关人员组织起来开协调会，找到施工问题发生的原因及解决办法，然后作出设计变更并提出相应补救措施等来解决问题。在设计时，可能由于各专业设计师之间的沟通不到位，出现各种专业之间的碰撞问题。例如暖通等专业中的管道在进行布置时，由于施工图纸是不同专业工程师绘制在各自的施工图纸上的，在真正施工过程中，可能正好有结构设计的梁等构件阻碍管线的布置，像这样的碰撞问题，只能在问题出现后再进行解决。BIM 的协调性可以帮助处理这种问题，也就是说 BIM 可在建筑物建造前期对各专业的碰撞问题进行协调，生成协调数据，并提供出来。当然，BIM 的协调作用并不是只能解决各专业间的碰撞问题，它还可以解决例如电梯井布置与其他设计布置及净空要求的协调、防火分区与其他设计布置的协调、地下排水布置与其他设计布置的协调等。

（3）模拟性

BIM 并不是只能模拟建筑物实体，例如，在设计阶段，BIM 可以进行节能模拟、紧急疏散模拟、日照模拟、热能传导模拟等；在招投标和施工阶段可以进行 4D 模拟（3D 模型加项目的发展时间），也就是根据施工的组织设计模拟实际施工，从而确定合理的施工方案来指导施工，同时还可以进行 5D 模拟（基于 4D 模型加造价控制），从而实现成本控制；后期运营阶段可以模拟日常紧急情况的处理方式，如地震时人员逃生模拟及火灾时人员疏散模拟等。

（4）优化性

整个设计、施工、运营的过程就是一个不断优化的过程。优化受三种因素的制约：信息、复杂程度和时间。没有准确的信息，就做不出合理的优化结果，而 BIM 模型提供了建筑物的信息，包括几何信息、物理信息、规则信息。现代建筑物的复杂程度大多超过参与人员本身的能力极限，BIM 技术及与其配套的各种优化工具提供了对复杂项目进行优化的可能。

（5）可出图性

BIM 不仅能绘制常规的建筑设计图纸及构件加工图纸，还能通过对建筑物进行可视化展示、协调、模拟、优化，出具各专业图纸及深化图纸，使工程表达更加详细。

1.2 BIM 软件的类型

（1）BIM 主要建模软件

① Autodesk 公司的 Revit 建筑、结构和机电系列。它在国内民用建筑市场占有很大的市场份额。

② Bentley 公司的建筑、结构和设备系列。Bentley 系列产品在工业设计（石油、化工、电力、医药等）和市政基础设施（道路、桥梁、水利等）领域，具有无可争辩的优势。

③ Nemetschek、GraphiSoft 公司的 ArchiCAD、Allplan、Vectorworks。其中，ArchiCAD 作为一款最早的、具有一定市场影响力的 BIM 核心建模软件，最为国内同行熟悉，但其定位过于单一（仅限于建筑学专业），与国内"多专业一体化"的设计院体制不匹配，市场较小。

④ Dassault 公司的 CATIA 以及 Gery Technology 公司的 Digital Project。其中，CATIA

是机械设计制造软件，在航空、航天、汽车等领域占据垄断地位，且其建模能力、表现能力和信息管理能力，均比传统建筑类软件更具明显优势，但其与工程建设行业尚未顺畅对接。Digital Project 则是在 CATIA 基础上开发的一款专门面向工程建设行业的应用软件（即二次开发软件）。

中国建筑科学研究院有限公司（简称"建研院"）近年来对 BIM 软件在数据管理方面进行二次开发，通过优化数据结构和管理算法，提高数据的存储效率和访问速度，并增加了数据的可视化展示功能，方便用户进行数据分析和决策，并开发了一系列的模型编辑工具，包括模型创建、修改、删除等功能，并对模型编辑的操作方式进行了优化，使用户能够更加方便地进行建模操作，并增加了一些高级功能，如批量操作、参数化建模等，提高了工作效率。建研院还对 BIM 软件的数据交互接口进行了二次开发，实现与其他软件的数据无缝对接，如与 CAD 软件、能耗模拟软件等的数据互通，方便不同软件之间的数据交流和协同工作。

在软件选用上建议如下：

① 单纯民用建筑（多专业）设计，可用 Autodesk Revit；

② 工业或市政基础设施设计，可用 Bentley；

③ 建筑设计，可选择 ArchiCAD、Revit 或 Bentley；

④ 所设计项目严重异形、购置预算又比较充裕的，可选用 Digital Project 或 CATIA。

(2) BIM 可持续（或绿色）分析软件

可持续分析软件可使用 BIM 信息，对项目进行日照、风环境、热工、景观可视度、噪声等方面的分析和模拟。主要软件有国外的 Ecotect、IES Virtual Environment（VE）、Green Building Studio 以及国内的 PKPM 等。

(3) BIM 机电分析软件

水暖电或电气分析软件，国内产品有鸿业、博超等，国外产品有 Design Master、IES VE、Trane Trace 等。

(4) BIM 结构分析软件

结构分析软件是目前与 BIM 核心建模软件配合度较高的产品，基本上可实现双向信息交换，即结构分析软件可使用 BIM 核心建模软件的信息进行结构分析，分析结果对于结构的调整，又可反馈到 BIM 核心建模软件中去，自动更新 BIM 模型。国外结构分析软件有 ETABS、STAAD、Robot 等，国内有 PKPM，均可与 BIM 核心建模软件配合使用。

(5) BIM 深化设计软件

Xsteel 作为目前最具影响力的基于 BIM 技术的钢结构深化设计软件，可使用 BIM 核心建模软件提交的数据对钢结构进行面向加工、安装的详细设计，即生成钢结构施工图（加工图、深化图、详图）、材料表、数控机床加工代码等。

(6) BIM 模型综合碰撞检查软件

模型综合碰撞检查软件基本功能包括集成各种三维软件（BIM 软件、三维工厂设计软件、三维机械设计软件等）创建的模型、3D 协调、4D 计划、可视化、动态模拟等，也属于一种项目评估、审核软件。常见模型综合碰撞检查软件有 Autodesk Navisworks、

Bentley Navigator 和 Solibri Model Checker 等。

（7）BIM 造价管理软件

造价管理软件利用 BIM 提供的信息进行工程量统计和造价分析。它可根据工程施工计划动态提供造价管理需要的数据，亦即所谓 BIM 技术的 5D 应用。国外 BIM 造价管理软件有 Innovaya 和 Solibri，广联达、鲁班则是国内 BIM 造价管理软件的代表。

（8）BIM 运营管理软件

美国国家 BIM 标准委员会认为，一个建筑物完整生命周期中 75% 的成本发生在运营阶段（使用阶段），而建设阶段（设计及施工）的成本只占 25%。因此，BIM 为建筑物运营管理阶段提供服务，将是 BIM 应用的重要推动力和主要工作目标。BIM 运营管理软件中，Archibus 是设备运维管理系统，FacilityONE 是空间管理、运维管理和资产管理的一体化设施管理系统。

（9）二维绘图软件

从 BIM 技术发展前景来看，二维施工图应该只是 BIM 其中的一个表现形式或一个输出功能而已，不再需有专门二维绘图软件与之配合。但是国内目前情形下，施工图仍然是工程建设行业设计、施工及运营所依据的具有法律效力的文件，而 BIM 软件的直接输出结果，还不能满足现阶段对于施工图的要求，故二维绘图软件仍是目前不可或缺的施工图生产工具。在国内市场较有影响的二维绘图软件平台主要有 Autodesk 的 AutoCAD、Bentley 的 MicroStation。

（10）BIM 成果发布审核软件

常用 BIM 成果发布审核软件包括 Autodesk Design Review、AdobePDF 和 Adobe3DPDF。发布审核软件把 BIM 成果发布成静态的、轻型的、包含大部分智能信息的、不能编辑修改但可标注审核意见的、更多人可访问的格式（如 DWF、PDF、3DPDF 等），供项目其他参与方进行审核或使用。

1.3 我国 BIM 行业现状

1.3.1 BIM 相关政策背景

BIM 技术快速发展，已经被越来越多的单位和个人接受认可，国家各相关部门和部分地方政府也陆续出台了 BIM 相关政策。部分列举如下。

2011 年 5 月 10 日发布《2011—2015 年建筑业信息化发展纲要》，提出了"十二五"期间，基本实现建筑企业信息系统的普及应用，加快建筑信息模型（BIM）、基于网络的协同工作等新技术在工程中的应用，推动信息化标准建设，促进具有自主知识产权软件的产业化，形成一批信息技术应用达到国际先进水平的建筑企业。

2013 年 8 月 29 日发布《关于征求关于推进 BIM 技术在建筑领域应用的指导意见（征求意见稿）意见的函》，提出了 2016 年以前政府投资的 2 万平方米以上大型公共建筑以及省报绿色建筑项目的设计、施工采用 BIM 技术；截至 2020 年，完善 BIM 技术应用标准、实施指南，形成 BIM 技术应用标准和政策体系；在有关奖项，如全国优秀工程勘察设计奖、鲁班奖（国家优质工程奖）及各行业、各地区勘察设计奖和工程质量最高奖的评审中，设计应用 BIM 技术的条件。

2014 年 7 月 1 日发布《住房城乡建设部关于推进建筑业发展和改革的若干意见》，提出了推进建筑信息模型（BIM）等信息技术在工程设计、施工和运行维护全过程的应用，提高综合效益。探索开展白图代替蓝图、数字化审图等工作。

2015 年 6 月 16 日发布《关于推进建筑信息模型应用的指导意见》提出了：

① 到 2020 年末，建筑行业甲级勘察、设计单位以及特级、一级房屋建筑工程施工企业应掌握并实现 BIM 与企业管理系统和其他信息技术的一体化集成应用。

② 到 2020 年末，以下新立项项目勘察设计、施工、运营维护中，集成应用 BIM 的项目比率达到 90%：以国有资金投资为主的大中型建筑；申报绿色建筑的公共建筑和绿色生态示范小区。

2020 年 7 月 3 日，中华人民共和国住房和城乡建设部联合中华人民共和国国家发展和改革委员会、中华人民共和国科学技术部、中华人民共和国工业和信息化部、中华人民共和国人力资源和社会保障部、中华人民共和国交通运输部、中华人民共和国水利部等十三个部门联合印发《关于推动智能建造与建筑工业化协同发展的指导意见》。意见提出：加快推动新一代信息技术与建筑工业化技术协同发展，在建造全过程加大建筑信息模型（BIM）、互联网、物联网、大数据、云计算、移动通信、人工智能、区块链等新技术的集成与创新应用。

2020 年 8 月 28 日，中华人民共和国住房和城乡建设部、中华人民共和国教育部、中华人民共和国科学技术部、中华人民共和国工业和信息化部等九部门联合印发《关于加快新型建筑工业化发展的若干意见》。意见提出：大力推广建筑信息模型（BIM）技术。加快推进 BIM 技术在新型建筑工业化全寿命期的一体化集成应用。充分利用社会资源，共同建立、维护基于 BIM 技术的标准化部品部件库，实现设计、采购、生产、建造、交付、运行维护等阶段的信息互联互通和交互共享。试点推进 BIM 报建审批和施工图 BIM 审图模式，推进与城市信息模型（CIM）平台的融通联动，提高信息化监管能力，提高建筑行业全产业链资源配置效率。

2023 年 3 月 16 日，北京市住建委印发《2023 年建筑施工安全生产和绿色施工管理工作要点》，其中第十一章节"聚焦危大工程管理，突出关键环节管控"中提出，进一步发挥 BIM（建筑信息模型）、物联网、大数据等信息技术在危大工程安全专项施工方案编制、论证过程、执法检查及监管中的应用，充分发挥危大工程管控措施在安全生产管理工作中的关键作用。

1.3.2　我国建筑信息化的时代背景

建筑行业是最需要被互联网变革的行业之一，建筑行业的数据是庞大的，需要数据服务的变革提升建筑行业管理和企业管理问题。随着信息化技术和水平的提升，BIM、大数据、物联网、移动技术、云计算等的综合运用，可以帮助建筑行业打破原来的传统发展模式。

(1) 建筑信息化对现代化人才的要求

我国经济要靠实体经济做支撑，而建筑行业是重要的经济支柱，建筑行业正处于信息化变革之中，需要大量专业技术人才，需要大批"大国工匠"。不论是传统制造业还是新兴制造业，不论是工业经济还是数字经济，高技能人才始终是中国制造业的重要力量，建筑行业信息化需要高技能人才发挥"工匠精神"——敬业、精益、专注、创新，推动建筑行业信息化不断完善。

（2）BIM 技术的实际应用

2020 年，武汉，一场突如其来的疫情席卷全城，新型冠状病毒迅速蔓延，拉响了警报。危急时刻，在"BIM＋装配式"技术的推动下，经过 10 天日夜酣战，武汉火神山医院正式交付使用。采用装配式集装箱式的病房板房在工厂生产后直接在现场拼装，极大提高了建造速度。而运用 BIM 技术则是装配式建筑的标配，采用 BIM 可以更加轻松地建立构件库和实现模块化设计。

火神山医院的建设中，BIM 技术的应用有几大关键点优势：项目精细化管理、仿真模拟对建筑性能的优化、参数化设计及可视化管控。BIM 技术的应用，保证了施工质量、缩短了工期进度、节约了成本、降低了劳动力成本和减少了废物排放。医院建设初期，利用 BIM 技术提前进行场布及各种设施模拟，按照医院建设的特点，对采光管线布置、能耗分析等进行优化模拟，确定最优建筑方案和施工方案。所有关于参与者、建筑材料、建筑机械、规划和其他方面的信息都被纳入建筑信息模型中。参数化设计、构件化生产、装配化施工、数字化运维，使项目的全生命周期都处于数字化管控之下。

可见 BIM 技术在建筑行业中的表现是如此优秀！在火神山医院建设的整个过程中，BIM 技术快速输出整体建设方案，避免了后期返工整改，缩短工期。再加上装配式建筑技术，采用集装箱活动板房，结构整体性好，安装便捷，大大加快了施工进度。

（3）工程职业伦理和爱国精神的塑造

BIM 技术是建筑行业发展至信息化时期的重要技术，是土木工程、工程造价、工程管理等专业实现"工匠精神"的重要抓手，体现了信息化时代对"工匠"技术的基本要求。

2022 年 10 月，中国共产党第二十次全国代表大会上的报告中指出要建设现代化产业体系。坚持把发展经济的着力点放在实体经济上，推进新型工业化，加快建设制造强国、质量强国、航天强国、交通强国、网络强国、数字中国。实施产业基础再造工程和重大技术装备攻关工程，支持专精特新企业发展，推动制造业高端化、智能化、绿色化发展。巩固优势产业领先地位，在关系安全发展的领域加快补齐短板，提升战略性资源供应保障能力。推动战略性新兴产业融合集群发展，构建新一代信息技术、人工智能、生物技术、新能源、新材料、高端装备、绿色环保等一批新的增长引擎。构建优质高效的服务业新体系，推动现代服务业同先进制造业、现代农业深度融合。加快发展物联网，建设高效顺畅的流通体系，降低物流成本。加快发展数字经济，促进数字经济和实体经济深度融合，打造具有国际竞争力的数字产业集群。优化基础设施布局、结构、功能和系统集成，构建现代化基础设施体系。

信息化技术促进建筑业高质量发展。建筑信息模型（BIM）技术有利于打造数字化、网络化、智能化的创新型建设项目，对我国建筑业的高质量发展有助推作用。

思考题

1. 分析我国 BIM 市场发展情况及在世界所处的地位。

2. 火神山、雷神山的建设之迅速有目共睹，请分析 BIM 技术在它们建设中发挥的作用。

3. 请查阅资料，列举我国应用 BIM 技术的工程案例有哪些，并说明 BIM 技术应用在工程哪些方面，带来了怎样的优化。

第 2 章 | BIM 建模环境

2.1 BIM 硬件环境配置

硬件和软件是一个完整的计算机系统互相依存的两大部分。当我们确定了使用的 BIM 软件之后，需要考虑的就是应该如何配置硬件。

BIM 基于三维的工作方式，对硬件的计算能力和图形处理能力具有较高的要求。就最基本的项目建模来说，BIM 建模软件相比较传统二维的 CAD 软件，在计算机配置方面，需要着重考虑 CPU、内存和显卡的配置。

(1) CPU

CPU 即中央处理器，是计算机的核心，推荐拥有二级或三级高速缓冲存储器的 CPU。采用 64 位 CPU 和 64 位操作系统对提升运行速度有一定的作用。多核系统可以提高 CPU 的运行效率，在同时运行多个程序时速度更快，即使软件本身并不支持多线程工作，采用多核也能在一定程度上优化其工作表现。

(2) 内存

内存是与 CPU 沟通的桥梁，关系着计算机的运行速度。越大越复杂的项目会越占内存，一般计算机内存的大小应最少是项目所需内存的 20 倍。推荐采用 8GB 或 8GB 以上的内存。

(3) 显卡

显卡对模型表现和模型处理来说很重要，越高端的显卡，三维效果越逼真，图面切换越流畅。应避免使用集成式显卡，独立显卡显示效果和运行性能也更好。一般显存容量不应小于 512MB。

(4) 硬盘

硬盘的转速对系统也有影响，一般来说是越快越好，但其对软件工作表现的提升作用没有前三者明显。

关于软件对硬件的要求，软件厂商都会有推荐的硬件配置要求，但从项目应用 BIM 的角度出发，需要考虑的不仅仅是单个软件产品的配置要求，还需要考虑项目的大小、复杂程度、BIM 的应用目标、团队应用程度和工作方式等。对于一个项目团队，可以根据每个成员的工作内容，配备不同的硬件，形成阶梯式配置。比如，单专业的建模可以考虑较低的配置，而对于专业模型的整合就需要较高的配置，某些大数据量的模拟分析可能需要的配置会更高。若采用网络协同工作模式，则还需设置中央服务器。

2.2　参数化设计的概念与方法

参数化建模是指随着图形引擎技术的成熟，图元被组合在一起用来表示设计元素（墙壁、孔等）。借助软件，模型变得"更加智能"。曲面和实体建模器为元素带来了更多智能特性，并支持创建复杂的造型。之后，就出现了参数化建模引擎，它使用参数（特性数值）来确定图元的行为并定义模型组件之间的关系。参数化建筑模型融合了设计模型（几何图形和数据）和行为模型（变更管理）。整个建筑模型和全套设计文档存储在一个综合数据库中，其中所有内容都是参数化的并且所有内容都是相互关联的。参数化建筑建模可以捕捉真正的设计本质——设计师的意图。除了可以使用户更好地利用软件创建建筑外，简化的参数化编辑功能支持用户更彻底地检查设计，从而实现更出色的建筑设计。在参数化建筑模型中，用来支持设计分析的大量数据都是在项目设计推进过程中自然而然地加以捕捉的。这种模型包含必要的详细信息，用于设计初期，为设计提供有关设备方案的反馈信息。

2.3　BIM 建模流程

2.3.1　制订实施计划

(1) 确定模型创建精度

BIM 是根据美国建筑师学会（American Institute of Architects，AIA）使用的模型详细等级（level of detail，LOD）来定义模型中构件的精度的。BIM 构件的详细等级共分如下 5 级：100，概念性；200，近似几何（方案、初设及扩初）；300，精确几何（施工图及深化施工图）；400，加工制造；500，建成竣工。

(2) 制订项目实施目标

项目实施目标分为以下几种：指导施工；达到符合 BIM 等级标准的碰撞检测与管线综合；工程算量；可视化；四维施工建造模拟；五维施工建造模拟。

(3) 划定项目拆分原则

项目拆分原则主要是以下三类：按楼层拆分；按构件拆分；按区域拆分。例如某项目可划分为三个部分：地库、裙房、塔楼。考虑到项目规模较为庞大，基于控制数据量的考虑，建筑、结构、机电三个专业的模型将分别创建，即最终将会产生九个模型，分别是：建筑专业的地库、裙房、塔楼模型；结构专业的地库、裙房、塔楼模型；机电专业的地库、裙房、塔楼模型。

(4) 配备人员分工

一般对于 BIM 团队人员的任务分配可有两种选择：一是在人员充足的情况下根据

项目分配工作；二是在人员不足的情况下根据现有人员配备分配工作。分配工作时应尽可能考虑完善的专业、工种和岗位配备，包括土建、机电、算量（造价）、可视化、内装、管理、园林、景观、市政（道路、桥梁）、规划、钢构以及可能存在的深化设计人员。

（5）选定协作方式

根据不同项目规模和复杂难易程度来决定各个相同专业和不同专业模型之间的协作方式。小型项目：一个土建模型＋一个机电模型；中等项目：一个建筑模型＋一个结构模型＋一个机电模型；大型项目：多个建筑模型＋多个结构模型＋多个机电模型（或机电三专业拆分模型）；超大型项目：多个建筑模型＋多个结构模型＋多个暖通模型＋多个给排水模型＋多个电气模型。

（6）定制项目样板

各专业的项目样板应分别创建。其中，机电样板尤为复杂，需要机电三专业，即水、暖、电的工程师事先分别统计出各自专业在本项目中的管线系统种类与数量，以及这些管线系统分布在哪几种类型的图纸中，然后按照这些统计好的信息先创建机电各专业对应的视图种类和架构；再创建机电各专业的管线系统，其中暖通与给排水专业可以在风管系统和管道系统中分别进行创建，而电气专业则需要对桥架及相关构件分别命名创建；接着设置机电各专业的视图属性与视图样板；最后在过滤器中设置机电各专业的管线系统可见性与着色，完成整个机电样板文件的全部相关准备工作。

（7）创建工作集

首先创建建筑的项目样板文件，在该文件中将根据设计院提交的施工图创建相应的轴网与标高，然后基于此创建工作集，添加建筑专业模型到工作集中并生成中心文件。接着再创建结构的项目样板文件，在该文件中将首先链接创建的带有轴网、标高的项目样板文件（中心文件），然后通过"复制/监视"功能创建属于结构专业模型的轴网和标高并开设相关工作集，生成结构的中心文件。最后再创建机电专业项目样板文件，在该文件中将链接之前创建的带有轴网、标高的建筑中心文件，然后也通过"复制/监视"功能创建属于机电专业模型的轴网和标高并开设相关工作集，生成机电的中心文件。根据项目规模大小，工作集的数量和创建的人数应相应调整。

2.3.2　具体实施过程

（1）模型创建规则

分别确定建筑、结构和机电三个专业各自的模型具体创建范围。其中，建筑与结构两个专业的模型将采取不重复的原则来分别创建，即结构模型中创建了结构柱、剪力墙、结构楼板，那么建筑模型在创建时将不再重复创建这些模型。扣减原则：土建构件之间须避免交错重叠，以确保算量准确，例如墙体不穿过柱子和梁，楼板不穿过柱子、墙和梁等。专业交叠：土建构件与机电构件之间可能会存在一定的重叠创建，例如卫生洁具、机电管线穿越墙体开洞等。因此，需要在实施过程中明确重叠的构件由哪个专业来负责创建，避免重复工作和混乱。一般以合理为原则来进行创建，例如卫生洁具应由机电专业来创建；而墙体开洞则应该由建筑或结构专业来操作，机电专业只负责向土建专业提供开洞的数据、建筑工程 BIM 技术及工程应用信息。其他各专业如有交叠构件也以此类推来进行分工创建。

（2）实施细节

① 整理 DWG 文件。先整理好 DWG 文件，并单层保存导入 Revit 中；将 DWG 文件导入 Revit 时，应勾选"仅当前视图"选项，以严格控制 DWG 文件在模型中的显示。建筑与结构专业应事先统计各自专业的构件，并由一人进行分类和类型预创建。例如，建筑专业应事先统计出构件门有几种类型，然后在门的类别下预先将这几种门的类型预制好，再同步至中心文件里。这样协同作业的其他人就不用重复去创建这些门的类型，可以直接使用预制好的门类型。其他诸如：墙、柱、梁、窗等相关构件也应按此原则预先进行统计和预制类型。设置视图范围，尤其是机电专业模型若最终要用于工程算量，则在创建时，可以根据算量软件进行计算。

② 实例。考虑到某些构件数量及种类较多，例如墙体，可以在平面视图中以填色的方式来区分不同类型或者材质的墙体。但在三维视图中不要填色，仍按灰度模式来显示墙体，以免在管线综合时影响机电管线的显示和观察。对于墙体之类的构件，可以创建一个色标来统计和展示其所对应的墙体类型。机电专业各系统管线必须事先做好色标，通过不同色彩来表达不同系统的管线。平面视图中应以带色彩的线条来表达各系统管线，三维视图中应以实体填色的方式来表达各系统的管线，以便将来在管线综合中可以比较清晰地观察和展现。关于设计院提交的设计变更或者升版图纸的事宜，BIM 团队在创建模型的时候必须订立一个规则：先依据设计院所提交的某一版施工图来集中建模，先生成第一版的 BIM 模型，暂时忽略在此期间设计院提交的零星变更或升版图纸；待第一版的模型建完之后，保存一个备份再根据设计院提交的设计变更或者升版图纸进行修改和调整，生成第二版、第三版或后面几版的 BIM 模型。这样一来，既可以保证模型创建进度，又可以避免频繁变更设计和修改图纸，从而保证施工单位 BIM 工作的节奏不被打乱，能够顺利推进。这可以极大地提升施工单位 BIM 团队所发挥的作用，同时彰显施工单位的技术能力，为今后的项目施工能够顺利实施和推进提供良好的前提条件。

思考题

参考答案

1. Revit 中的构件可以根据哪几个层级进行分类？
2. Revit 适用于哪些结构或构件的建模？
3. Revit 中如何新建材质库？

| 第 3 章 | BIM 技术在装配式建筑中的应用前景及可行方式

3.1 装配式建筑

3.1.1 装配式建筑概述

装配式建筑（prefabricated building）是一种利用工厂化技术来完成的建筑。装配式建筑的建设过程快速、高效、环保。它采用预制的建筑构件，在工厂中进行生产加工，然后运至现场进行组装，不仅节约了现场施工时间，而且提高了工程质量和效率，降低了工程风险。

装配式建筑符合现代化、工业化的建筑趋势。具有以下特点：

① 结构稳定：装配式建筑首要考虑的是其整体建筑结构的稳定性和安全性。因此，在设计阶段就需要详细考虑材料的选择、构件的连接方式以及纵向、横向的抗震能力等方面的问题。

② 高质量、低成本：装配式建筑在工厂内预制建筑构件，可以大幅降低建筑成本及建设周期，同时，也可以保证建筑质量的一致性和可靠性。

③ 节能环保：装配式建筑可以大幅降低材料的浪费、能源的消耗以及建筑垃圾的产生，从而实现节能环保。

④ 可定制性：装配式建筑可以依照用户的需求进行定制，可以进行个性化的设计和动态的修改，以便满足不同客户的需求。

⑤ 快速装配：装配式建筑在现场的施工速度非常快，可以提高建设效率，缩短施工时间，降低施工难度。

3.1.2 装配式建筑分类

装配式建筑是一种现代化的建设方式，根据建筑用途、材料、构造技术和装配要求等因素，装配式建筑可以分为不同的类型。

（1）按照用途分类

根据建筑的用途，装配式建筑可以分为住宅、商业、工业、办公、医疗、教育等类型。住宅型装配式建筑是目前使用最广泛的一种，随着现代化城市建设的加速，其他类型的装配式结构建筑也越来越广泛。

（2）按照材料分类

根据建筑所采用的材料，装配式建筑可以分为混凝土、钢、木、钢筋混凝土等类型。每种材料都有自己的优缺点，对于不同的建筑和地区需要进行合理的选择和使用。

（3）按照构造技术分类

根据建筑所采用的构件和构造技术，装配式建筑可以分为混凝土板组合楼房、钢筋混凝土柱板结构、钢构件组合房屋、轻质墙板式住宅、超高层建筑、隔声板墙体施工等类型。这些构造技术为装配式结构建筑提供了更多的选择，也能更好地适应不同地区的建筑需求。

（4）按照装配要求分类

根据装配要求，装配式建筑可以分为全装配式、半装配式和局部装配式。全装配式就是全部构件在工厂中完成，在现场只需要进行拼接即可。半装配式则是部分构件在工厂中完成，现场拼装，其他部分在现场现浇完成；局部装配式则是现场组装构件，但需要预先准备好区别于传统的混凝土浇筑等方式，减少现场施工难度和不必要的人力物力资源浪费。

3.1.3　装配式建筑的各个发展阶段

装配式建筑是一种以预制和模块化部件为基础进行设计和建造的结构方式。装配式建筑经历了三个阶段的发展：

第一阶段：传统装配建筑结构（1940—1970 年）。传统装配建筑结构是以钢结构和混凝土结构为基础，通过模块化和预制技术来提高建筑质量和效率。这一时期的建筑主要使用铁路运输来将模块化的组件运送到现场进行装配。由于早期技术的限制和市场认识不足，这些建筑还存在着一些问题，如噪声、缩水、收缩和伸缩性不足等。

第二阶段：工业化生产（1970—2000 年）。这一阶段，随着工业化生产的进一步发展，装配式结构建筑也迎来了新的发展。工业化生产使得建筑部件的生产成本大大降低，而且能够更快地满足市场需求。装配式结构建筑在这一时期的应用也不再局限于低层建筑，而是可以扩展到中高层建筑和办公楼等领域。

第三阶段：数字化生产（2000 年至今）。这一阶段，数字化技术作为一种新的生产方式和建筑理念被引入装配式结构建筑中。数字化生产不仅能够更好地满足建筑师和设计师对于个性化设计的追求，而且也提高了建筑的施工速度和质量。该技术还可以通过多元化的生产方式使得建筑结构模块化，从而可以轻松地将整个建筑分成小块并在现场组装。

装配式结构建筑在不同的发展阶段中有着不同的要求和特点。未来，随着技术的不断进步和市场的不断变化，装配式结构建筑也将进一步发展，并在未来成为主流建筑形式之一。

3.2　BIM 技术与装配式建筑结合的优势

BIM 技术（建筑信息模型技术）是一种数字建筑设计与管理技术，是建筑工程数字化的基石之一。与此同时，装配式建筑则是一种逐渐受到青睐的新型建筑模式。BIM 技术与装配式建筑的结合，不仅可以提升建筑工程的质量和效率，还能够为建筑行业的发展注入新动力。

（1）提高建筑工程的质量

BIM 技术可以帮助设计者和建造者在建筑过程中进行更为精细的协作和沟通，避免因为规划和制造上的小问题而造成施工上的困难。在传统建筑中，设计和建造上的误差和漏洞难以被全面发现，而 BIM 技术使得这样的情况得以避免。

（2）缩短建筑工程时间

BIM 技术可以大大缩短设计周期和制造周期的时间，从而缩短建筑工程的完成时间，提高施工的效率。通常来说，通过 BIM 技术，施工时间比传统方法快 30% 到 50%，可以提高建筑项目的竞争力。

（3）降低建筑成本

BIM 技术可以大大降低建筑成本。借助 BIM 技术的可视化和虚拟技术，可以在实际的建造过程之前对建筑方案进行实时模拟，预测装配生产的时间和成本，并识别和解决问题。同时，应用 BIM 技术可以控制装配生产材料、预制件管理和生产发货等过程，降低建筑成本，提高经济效益。

（4）提高安全性能

BIM 技术与装配式建筑相辅相成，通过方便高效的数字化协作和沟通，可以更精准地进行安全分析和控制，包括涉及建筑结构和构件方案的所有细节点，确保建筑的完整性和安全性。

BIM 技术与装配式建筑结合的优势突出，可以提高建筑工程的质量、降低成本、提高安全性能，并大大缩短建筑工程时间，为建筑业的数字化转型拓展了广阔的空间。当前，BIM 技术已成为全球范围内工业化建筑和装配式建筑领域不可或缺的数字化工具，将在未来的发展中发挥更为重要的作用。

近年来人们对建筑环保、节能的要求越来越高，装配式建筑作为新型建筑方式，逐渐受到了人们的关注。装配式建筑在建立健全的装配式建筑管理体制与运行机制中至关重要，需要在标准规范系统加强、多部门职责互补、行业统一管理以及优化市场竞争机制等多方面努力，以进一步推进装配式建筑行业的高质量发展。

3.3　BIM 技术在装配式建筑中的应用

BIM 技术（建筑信息模型技术）在装配式建筑的整个生命周期中，可以应用于多个环节，有助于提高装配式建筑的质量和效率。BIM 技术在装配式建筑中的应用点主要有以下几个方面：

（1）BIM 模型的建立

在装配式建筑领域，建立一个可信赖的、面向数据的 BIM 模型至关重要，可以提高装配式建筑的管理和开发效率。BIM 技术可以协助设计者和制造者快速建立规范化的建筑模型，供整个装配过程中各方协作和沟通使用。通过 BIM 模型，设计者们还可以实现建筑外观、结构、设备、服务等各方面的设计，帮助制造者更准确地理解设计方案，降低误差。

（2）设计协作

在装配式建筑领域，由于其复杂性和高度定制的特点，设计协作是必不可少的一环。通过 BIM 技术，设计团队可以快速讨论和共同开发装配式建筑场景，并将所有设计元素和所涉及的所有信息以可视化方式展示出来。这样可以帮助整个制造过程更高效、更准确地实现，同时降低误差。

（3）装配制造和质量控制

BIM 技术的应用还可以帮助装配式建筑制造团队减少生产期间的错误和漏洞。结合数字化工具和 BIM 模型，制造团队可以更准确地预测生产过程，减少失误。

思考题

参考答案

1. 装配式建筑有哪些分类？
2. 简述装配式建筑的各个发展阶段。
3. 简述现阶段我国装配式建筑所面临的问题。

| 第4章 | BIM 在装配式建筑设计阶段的应用

在装配式结构设计阶段,特别是对于装配式住宅类建筑,应用广泛且需求量大,但其设计问题也尤为明显。项目涉及的专业范围广泛,构件种类繁多,因此各专业之间产生的设计问题也层出不穷,其中包括构件内的钢筋、预埋件布置以及孔洞位置等复杂问题。传统的二维设计模式很难及时发现设计问题。结合 BIM 技术设计装配式住宅,可以对装配式构件的设计进行排查和修正,以便更好地解决传统设计时易出错的地方;通过 BIM 技术实现对构件的三维建模,从而更好地掌握构件之间的协同关系;同时还可以利用 BIM 技术快速识别和解决设计中的冲突,有效提高设计质量。本章将以实际的装配式住宅建筑为例通过 BIM 技术进行辅助设计。

4.1 项目简介

(1) 项目名称:某住宅项目。

(2) 建设地点:沈阳市和平区。

(3) 项目概况:本项目地上 17 层。

(4) 结构形式:装配整体式剪力墙结构。

(5) 预制范围:1~15 层。

(6) 装配式设计概况如下:具体评分情况详见《装配式建筑项目装配率计算书》。根据沈阳市装配式建筑相关政策的要求,本项目应为装配式建筑,装配式设计应满足《沈阳市装配式建筑装配率计算细则》中要求,具体设计方案如下。

① 主体结构。本项目采用叠合楼板,高度范围为 5.890~47.890m;采用预制剪力墙,预制范围高度为 8.890~47.890m;采用预制楼梯,预制范围高度为 3.000~48.000m。

② 围护墙和内隔墙。本项目围护墙非砌筑、内隔墙非砌筑,即地上~屋面标高外围护墙、内隔墙采用高精度蒸压加气混凝土砌块砌体(采用干法施工,专用砌筑黏结剂厚度不大于 3mm、抹灰砂浆厚度不大于 5mm)。

③ 装修。本项目采用全装修、干式工法楼地面。

④ 加分项。本项目采用预制市政景观构件、预制施工临时道路板应用、标准化预制构件应用、定型装配式模板、BIM 技术应用、信息化管理。

综上所述,本项目居住建筑 17 栋,项目成品化率 100%。满足《沈阳市装配式建筑装配率计算细则》的要求。

4.2　模型建立

4.2.1　识图建模

在建筑设计与施工过程中，绘制和识别构件信息是一个非常重要的步骤，这是保证项目进展顺利的前提。而在现代建筑行业中 BIM 软件的使用率已经非常高。本书将详细介绍如何在 PKPM-PC 软件中导入 DWG 格式的图纸，识别构件信息并进行精确建立。

新建标准层。新建一个标准层，如图 4-1 所示，需要在新建标准层时将标准层的层高一并输入，这也是后续识别构件的重要前提，详见图 4-2。

图 4-1　新建标准层命令

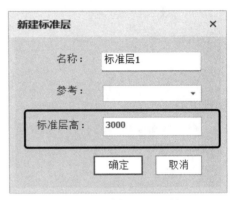

图 4-2　新建标准层对话框

当新建完标准层后，就可以导入 DWG 格式的图纸了。在 PKPM-PC 软件中，只需要几个步骤即可完成 DWG 格式的图纸导入，如图 4-3、图 4-4 所示。导入完成后，就可以将图纸放到指定坐标处。

图 4-3　导入 DWG 命令

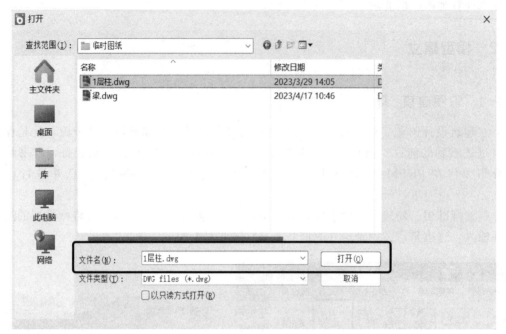

图 4-4　导入图纸对话框

接下来，识别构件。PKPM-PC 软件识别构件功能非常强大，这一步骤可以自动识别图纸上的构件信息，如图 4-5 所示，仅需要点击"识别构件"即可完成。

修改精确度和其他参数。选择要建立的构件，并对其精确度及其他参数进行修改，详见图 4-6、图 4-7。在选择合适的参数后，就可以选择图纸上构件所对应的位置进行建立，如图 4-8 所示。

图 4-5　识别构件命令

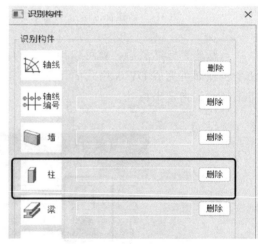

图 4-6　识别构件对话框

在建筑设计与施工的整个过程中，PKPM-PC 软件在识别构件和精确建立构件信息方面发挥了巨大的作用。结合 DWG 格式的图纸，PKPM-PC 软件的使用更加简单、高效，大大提高了建筑设计与施工的效率。

图 4-7　识别构件对话框展开

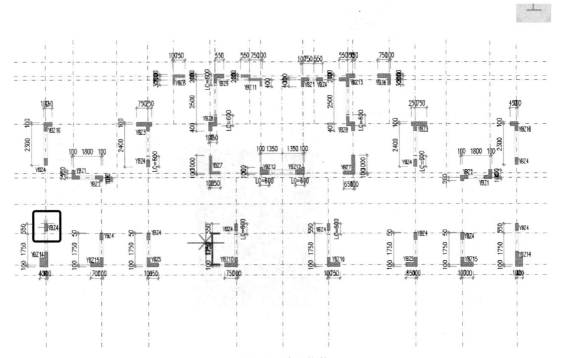

图 4-8　建立构件

4.2.2　柱的建立

在 PKPM-PC 中除了上述的识别构件功能外，还有很多其他强大的功能。例如，柱的建立功能。

首先在"结构建模"模块中选择"柱"，这个步骤如图 4-9 和图 4-10 所示。接着在"柱布置"对话框中选择"新建柱"（图 4-11），在弹出的"截面参数"对话框中，根据图纸选择柱的种类，并根据图纸输入对应的柱的参数，详见图 4-12。输入完柱的参数后，需要将柱移动到图纸所对应的位置完成柱的建立，这一步骤如图 4-13 所示。

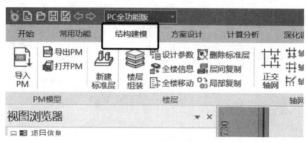

图 4-9　结构建模模块

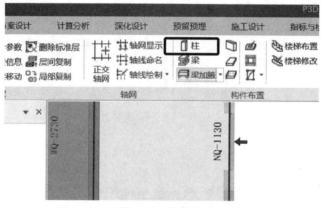

图 4-10　柱命令

图 4-11　新建柱命令

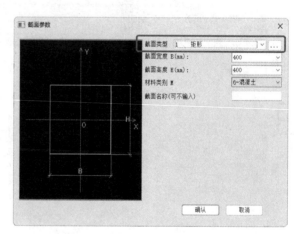

图 4-12　截面参数对话框

但是在有些情况下，要绘制的柱可能是异形柱，如果在软件的截面类型中没有需要的截面类型，就需要选择"自定义多边形"进行新建，详见图 4-14。在选择"自定义多边形"后，需要在弹出来的对话框中选择"定义网格"，详见图 4-15。接着，根据所要绘制的异形柱的参数对网格进行定义，详见图 4-16。定义好网格就可以根据图纸绘制异形柱，详见图 4-17。在网格上绘制完成后，就可以选择异形柱在图纸上所对应的位置进行建模，详见图 4-18。

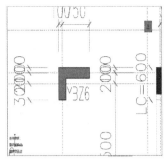

图 4-13　在图纸对应位置建立柱模型

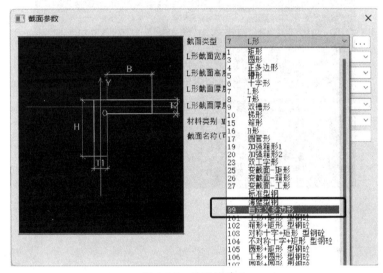

图 4-14　异形柱建立

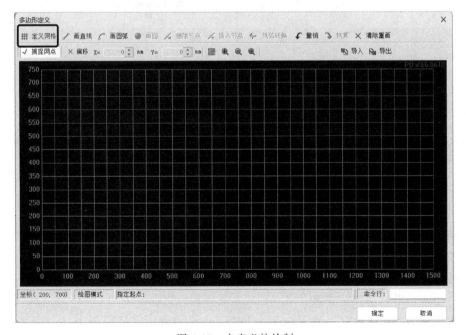

图 4-15　自定义柱绘制

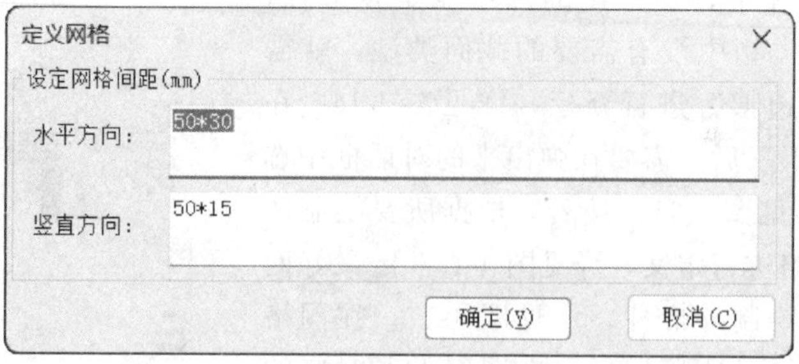

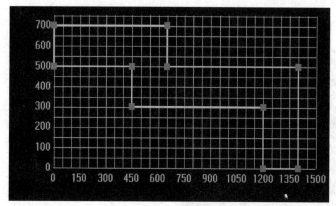

图 4-16　定义网格

图 4-17　异形柱绘制

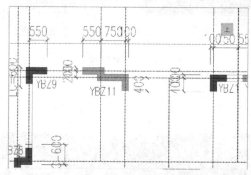

图 4-18　在图纸对应位置建立异形柱模型

　　总的来说，在 PKPM-PC 中建立柱非常简单，只需要选择柱的种类、输入参数、定义网格、绘制柱等步骤，即可轻松完成。

4.2.3　梁的建立

　　在结构工程中，梁是一种非常重要的构件，其承受着楼板和墙体等上部结构的荷载，并把荷载传递到支座上。因此，在梁的建立过程中，需要非常注重准确性和精度。梁的建立有多种方式。

　　(1) 导入图纸自动识别并建立梁。首先，需要卸载之前导入的 DWG 格式的柱图，这是为了避免和梁图产生冲突。然后，导入 DWG 格式的梁图，按照图 4-19～图 4-21 所示的步骤进行。导入完成后，可以点击"识别构件"，如图 4-22 所示，然后选择"梁"，如

图 4-23 所示。接着，在图纸上选择梁所在的位置，并点击生成模型，如图 4-24 所示。这种批量识别建模的方法虽然能够提高建模效率，但也存在一定的局限性，即建立的梁参数是一样的，无法满足不同场合的具体要求。

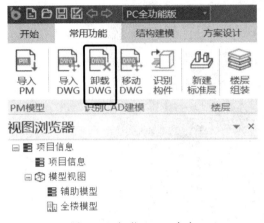

图 4-19　卸载 DWG 命令

图 4-20　导入 DWG 命令

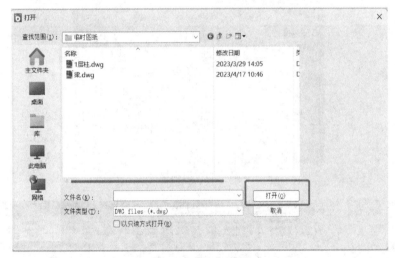

图 4-21　导入图纸

图 4-22　识别构件命令

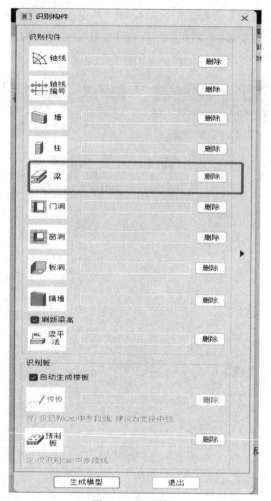

图 4-23　识别梁

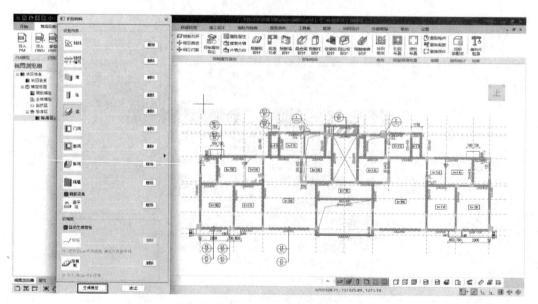

图 4-24　生成梁

（2）手动进行梁的建立。在 PKPM-PC 中，手动建立梁也非常简单。首先，选择"新建梁"，打开"梁布置"对话框如图 4-25 所示。然后，输入梁的参数，如图 4-26 所示，这些参数包括梁的截面类型、截面高度、截面宽度等。最后，选择梁在图纸上所对应的位置进行建模，如图 4-27 所示。需要注意的是，在建模过程中，需要非常精确地控制梁的尺寸和截面形状，以确保其承载能力和稳定性。

图 4-25　"梁布置"对话框

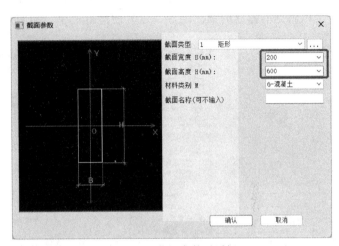

图 4-26　截面参数对话框

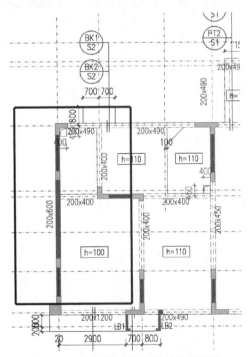

图 4-27　在图纸对应位置建立梁模型

综上所述，梁的建立是结构工程设计中一个非常重要的环节，它需要具备一定的专业知识和技能。通过 PKPM-PC，可以利用识别构件和自动建模的功能，更加快速和准确地建立梁。同时，也可以手动进行建立，以满足具体的设计要求。

4.2.4　墙的建立

根据导入的 DWG 格式的墙图进行建立。首先，需要将之前的梁图卸载，避免图纸冲突，如图 4-28 所示。然后，导入 DWG 格式的墙图，按照图 4-29 所示进行。导入墙图完成后，需要将墙图放置在之前建立的模型重合处，即对图纸定位，如图 4-30 所示。此时，可以将之前建立的梁柱隐藏，以方便进行建模，如图 4-31 所示。

图 4-28　卸载图纸

图 4-29　导入图纸

图 4-30　图纸定位

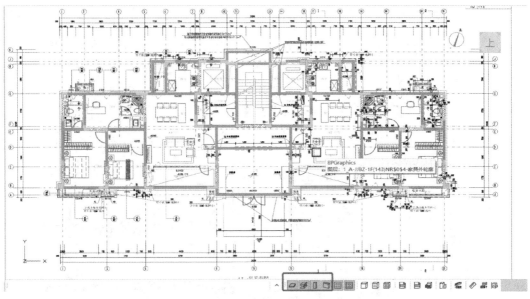

图 4-31　隐藏构件

接下来，需要进行"墙布置"操作，这是为了将墙建立在指定的位置上，具体操作步骤如图 4-32 所示。在完成墙布置后，可以开始手动新建墙。新建墙按照图 4-33 所示的步骤进行即可。需要注意的是，在新建墙时，需要输入墙的参数，包括厚度、高度、长度等等。最后，选择墙在图纸上对应的位置进行建立，如图 4-34 所示。

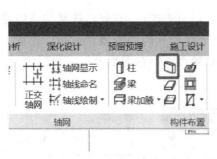

图 4-32　墙布置命令

图 4-33　新建墙命令

使用 PKPM-PC 可以更加快速和准确地进行墙的建立。但需要注意的是，墙的建立过程需要进行精确的测量和标注，以确保墙的稳定性和承载能力。同时，需要根据具体设计要求，选择合适的建模方案，并利用软件的功能，进行可靠的模拟和分析，以保证墙体结构的安全性和可靠性。

综上所述，墙的建立是结构工程设计中一个非常重要的环节，它需要具备一定的专业知识和技能。通过 PKPM-PC，可以利用墙布置和手动建立的功能，更加快速和准确地建立墙体结构。同时，在建立过程中，需要严格遵守设计规范和标准，保证墙体结构的安全性和可靠性。

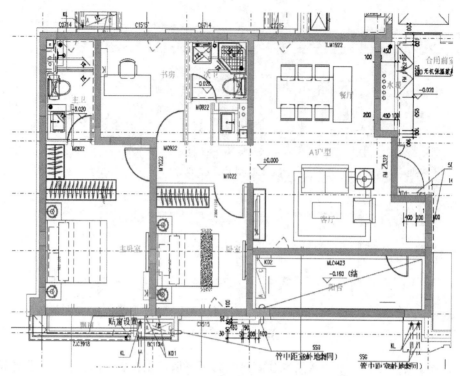

图 4-34　在图纸对应位置建立墙模型

4.2.5　板的建立

在结构工程设计中，板是连接楼板和梁柱的重要构件，承担着楼板的荷载，并将荷载传递到梁柱上。

通过选择板的绘制操作，快速和准确地进行板的建立。首先，选择"结构建模"，然后选择"板布置"，如图 4-35 所示。根据实际需求输入板的参数，包括长、宽、厚等等，如图 4-36 所示。最后，可以选择习惯的一种绘制方式，在图纸上对应位置进行绘制，如图 4-37 所示。

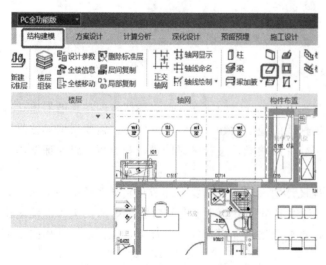

图 4-35　结构建模模块下板布置命令

图 4-36　板布置对话框

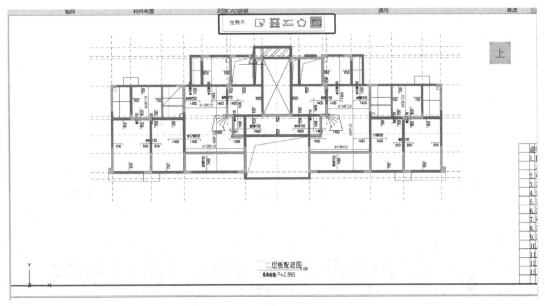

图 4-37　在图纸对应位置绘制板模型

如果图纸是对称的，那么可以更加便捷地建立另一半模型，只需要建立一半的模型，然后点击图 4-38 右上角的"镜像"操作，即可在更短的时间内快速构建模型。

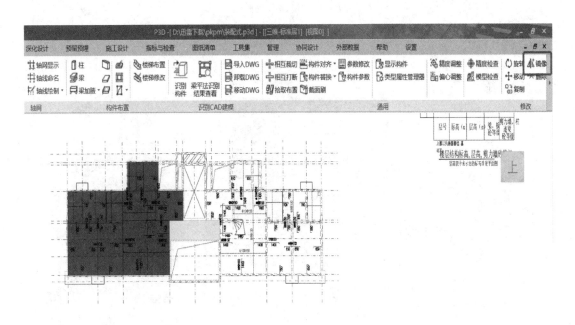

图 4-38　镜像

但需要注意的是，板的建立需要工程师具备一定的设计知识和技能，并严格遵守设计规范和标准。同时，在建立过程中，需要进行精确的测量和标注，以确保板的稳定性和承载能力。可以利用板的绘制和镜像操作，更加快速和准确地建立板。同时，在建立过程中，需要注意保证绘制数据的准确性和精度。

4.2.6　楼梯的建立

在建筑设计中，楼梯是连接楼层的关键结构，起到连接上下楼层的重要作用，能够让人们方便地在不同楼层之间移动，避免了使用电梯等交通工具的等待时间，让建筑物内部的空间得到更高效地利用。

在 PKPM-PC 中可以选择楼梯布置来实现楼梯的建立。具体步骤如下：首先，在"结构建模"模块中选择"楼梯布置"，如图 4-39 所示。然后，将鼠标移动到要布置楼梯的空间上，如果建模合理，则此区域会呈现出绿色，代表此处可以布置楼梯，如图 4-40 所示。接着，点击绿色区域，选择画板模式进行绘制，如图 4-41 所示。在建筑绘画框中，需要输入楼梯的具体数据，包括楼梯的宽度、高度、步数等等参数，框中是输入数据的地方，如图 4-42 所示。输入完数据后，点击"完成"即可建立楼梯模型。

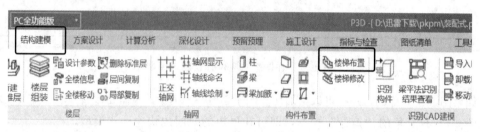

图 4-39　楼梯布置命令

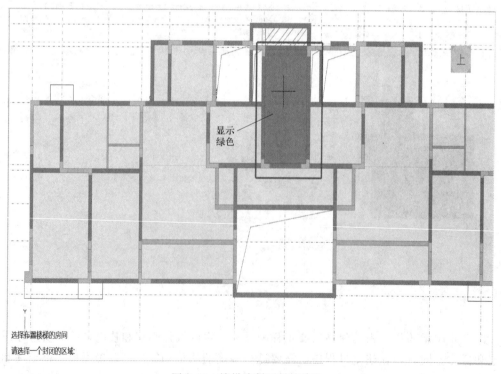

图 4-40　楼梯绘制可行性确认

图 4-41　楼梯绘制模式选择

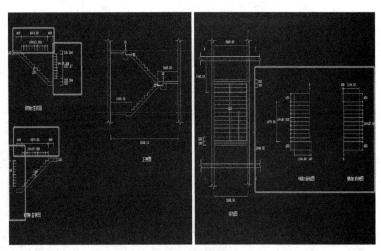

图 4-42　楼梯画板

需要注意的是，在楼梯的建立过程中，需要严格遵守设计规范和标准，并且根据实际建筑需求进行合理的设计。在选用建模方案时，也需要考虑楼梯的承载能力、稳定性和人员安全等因素。

4.2.7　补充围护结构的建立

在建筑设计中，补充围护结构是非常重要的组成部分，它能够为建筑物提供更直观和更美观的外观。因此，设计师需要对补充围护结构的建立有一个深入的了解。

首先，在"方案设计"模块中选择"补充围护结构"的"隔墙建模"，如图 4-43 所示。然后选择"增加"隔墙，如图 4-44 所示，这将有助于更好地控制建筑物的结构和外观。在增加隔墙之后，需要输入截面的数据，这将有助于更好地控制隔墙的大小和形状。如图 4-45 所示，输入截面的数据，然后点击所对应的位置即可建立隔墙模型。

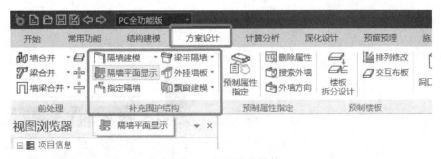

图 4-43　补充围护结构

如果需要建立梁带隔墙，可以在补充围护结构中选择"梁带隔墙"，如图 4-46 所示。然后可以选择与梁同厚或者指定墙厚等等这些参数，如图 4-47 所示。设置好这些参数后，只需要点击要建梁带隔墙的梁即可建模，如图 4-48 所示。

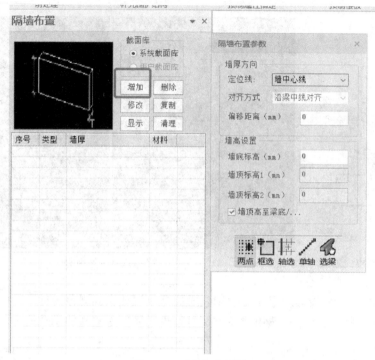

图 4-44　"增加"隔墙

图 4-45　隔墙截面定义

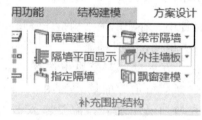

图 4-46　梁带隔墙命令

图 4-47　梁带隔墙参数

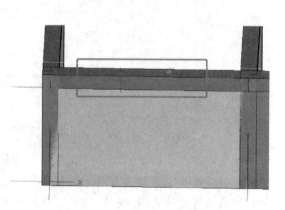

图 4-48　梁带隔墙的建立

如果需要建立外挂墙板，也可以在"补充围护结构"中选择"外挂墙板"，如图 4-49 所示。然后输入外挂墙板的参数，如图 4-50 所示。设置好这些参数后，只需要点击需要外挂墙板的位置即可建模，如图 4-51 所示。如果外挂墙板方向反了，只需要在"补充围护结构"模块中选择"挂板方向调整"，如图 4-52 所示，然后点击反了的墙板即可，如图 4-53 所示。

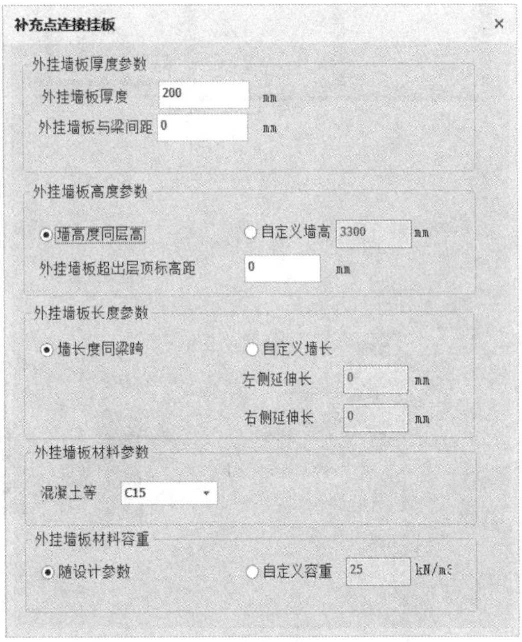

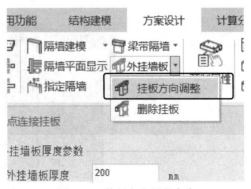

图 4-50　补充点连接挂板对话框

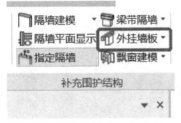

图 4-49　外挂墙板命令

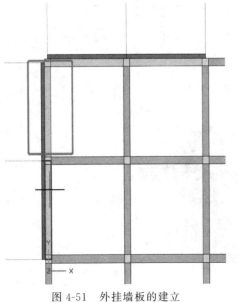

图 4-51　外挂墙板的建立

图 4-52　挂板方向调整命令

飘窗建模也是在补充围护结构模块中进行的，如图 4-54 所示。在弹出来的对话框中输入相应的参数，如图 4-55 所示。然后只需要点击要建飘窗的墙即可建立飘窗模型，如图 4-56 所示。通过这些步骤，可以轻松地建立补充围护结构。

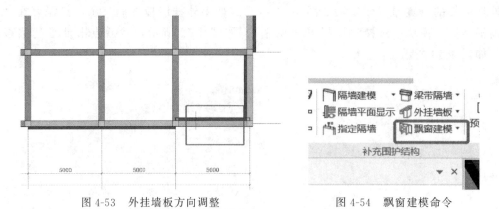

图 4-53　外挂墙板方向调整　　　　　　图 4-54　飘窗建模命令

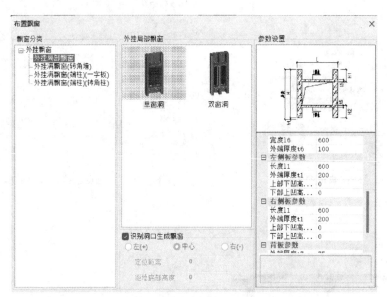

图 4-55　布置飘窗对话框

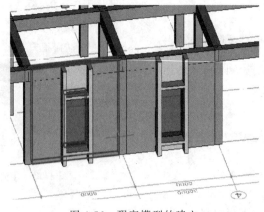

图 4-56　飘窗模型的建立

4.2.8　组装楼层

可以利用楼层组装功能，快速且准确地建立整个建筑物的模型，从而为后续的结构分析和设计提供基础。

楼层组装功能可以帮助快速地复制标准楼层，并根据需要设置层数和每层的层高。具体操作步骤如下：首先在"结构建模"中选择"楼层组装"，如图 4-57 所示。然后，选择要复制的标准层以及要复制的层数和每层的层高，如图 4-58 所示。最后，点击"确定"即可完成整个建筑物的模型建立，如图 4-59 所示。

图 4-57　楼层组装命令

图 4-58　楼层组装对话框

通过楼层组装功能，可以快速且准确地建立整个建筑物的模型，节省了大量的时间和人力成本。同时，可以根据需要进行调整和修改，以满足具体的设计要求。需要注意的是，在建立过程中，需要遵循相关的设计规范和标准，确保建筑物的结构稳定性和承载能力。

综上所述，楼层组装是结构工程设计中一个非常重要的环节，它可以帮助快速且准确地建立整个建筑物的模型。通过 PKPM-PC 的楼层组装功能，可以更加高效地完成建模工作，为后续的结构分析和设计提供基础。

图 4-59　楼整体模型

4.3　装配式属性指定及其拆分

4.3.1　预制属性指定

预制属性指定也是建筑施工中非常重要的一环，PKPM-PC 可以方便快捷地指定构件的属性，从而保证施工进度和施工质量。在进行预制属性指定时，需要遵循一定的流程和规范，以确保施工过程的顺畅进行。

首先，在"方案设计"选项板选择"预制属性指定"。这一步骤见图 4-60 中的界面操作。

图 4-60　预制属性指定命令

接下来，需要选择所要预制的构件类型。在图 4-61 中，可以看到不同种类的构件，如预制板、预制梁、预制柱等等。根据实际需求，选择对应的构件类型进行预制属性指定。

然后，对选择的构件进行属性指定。如图 4-62 为对板进行预制属性指定，图 4-63 为对梁进行预制属性指定，图 4-64 为对柱进行预制属性指定。

图 4-61　预制属性指定对话框

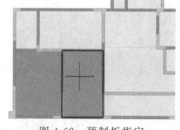

图 4-62　预制板指定

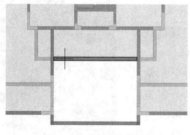

图 4-63　预制梁指定

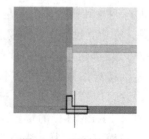

图 4-64　预制柱指定

　　需要注意的是，在进行预制属性指定时，如果不小心将本来不是预制属性的构件指定为了预制属性，就需要通过选择"删除属性"来进行修改。图 4-65～图 4-67 中展示了删除预制属性的操作流程，包括选择"删除属性"、选择要删除的预制属性类型以及选择要删除的构件等。

图 4-65　删除属性命令

图 4-66　删除预制属性对话框

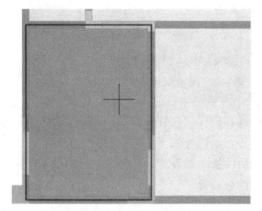

图 4-67　删除预制板

4.3.2　墙的拆分

　　墙的拆分设计可以提高建筑施工的效率，降低建筑成本，还能满足建筑施工的各种需求。

　　在进行墙的拆分设计时，首先需要在"方案设计"中选择"墙自由拆分"，如图 4-68 所示。然后，选择墙体上要进行拆分的位置，并布置现浇节点，如图 4-69 所示。在"拆分设计对话框"输入现浇节点的参数后（图 4-70），还需要选择要布置现浇节点的位置，如图 4-71 所示。

图 4-68　墙自由拆分命令

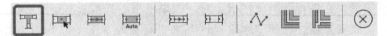

图 4-69　布置现浇节点命令

图 4-70　拆分设计对话框

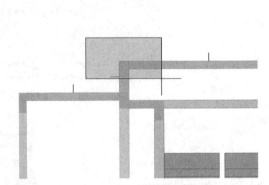

图 4-71　选择现浇节点布置位置

　　接着，选择"构件拆分"，根据需要对拆分进行设置，包括有无保温层、混凝土等级、接缝等等，如图 4-72 所示。此外，如果需要设计墙的侧面抗剪键槽及粗糙面，还可以进行相应的构造参数设置，如图 4-73 所示。最后，选择要拆分的墙体，如图 4-74 所示，即可完成拆分设计。

图 4-72　墙拆分对话框

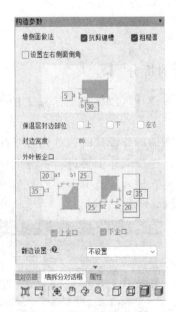

图 4-73　构造参数对话框

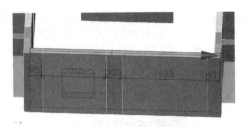

图 4-74　墙拆分效果

如果要对内墙进行拆分，外墙类选择"无保温"即可，如图 4-75 所示，完成后的效果如图 4-76 所示。

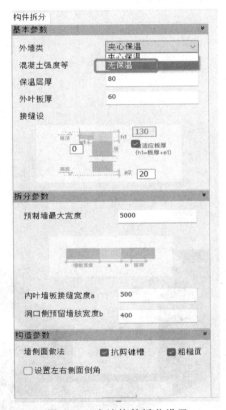

图 4-75　内墙构件拆分设置

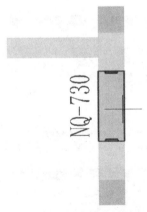

图 4-76　内墙拆分效果

4.3.3　墙缺口调整

在建筑施工中，墙的缺口是一个非常常见的工程需求。PKPM-PC 提供了墙缺口调整功能，可以方便地对墙进行缺口的调整。在"方案设计"模块中选择"墙缺口调整"命令（图 4-77）。之后，输入缺口调整的参数以及生效的范围（如图 4-78 所示），然后选择要调整的区域即可完成墙缺口的调整，如图 4-79 所示。在使用墙缺口调整功能时，需要根据实际情况设置相应的参数和范围，并遵循相关的规范和标准来确保设计的准确性和合理性。

图 4-77　墙缺口调整命令

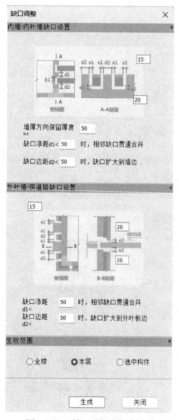

图 4-78　缺口调整对话框

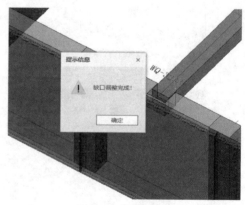

图 4-79　调整完成

4.3.4　板的拆分

板的拆分需要在"方案设计"模块中选择"楼板拆分设计",如图 4-80 所示。然后,在"板拆分对话框"中输入预制板的基本参数以及拆分参数(如图 4-81 所示),以及是否设计倒角以及倒角的类型(如图 4-82 所示)。最后,选择要进行拆分的预制板即可完成拆分,如图 4-83 所示。板的拆分设计可以很好地满足建筑施工的需求,提高施工效率和质量。在板的拆分设计时,需要根据实际情况设置相应的参数,并遵循相关的规范和标准来确保设计的准确性和合理性。

图 4-80　楼板拆分设计命令

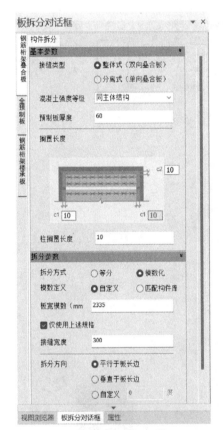

图 4-81　板拆分对话框

图 4-82　构造参数设置

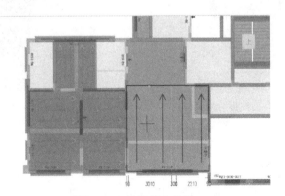

图 4-83　楼板拆分效果

4.3.5 柱的拆分

使用柱的拆分设计功能时，需要首先在"方案设计"模块中选择"柱拆分设计"，如图 4-84 所示。然后，根据实际情况在柱拆分对话框中输入混凝土强度等级、键槽布置等参数，如图 4-85 所示。最后，完成柱的拆分设计后，可以得到一个拆分后的柱图像，如图 4-86 所示。柱的拆分设计可以提高施工效率和质量，在进行柱的拆分设计时，需要根据相关的规范和标准进行设计，确保设计的准确性和合理性。

图 4-84   柱拆分设计命令

图 4-85   柱拆分对话框

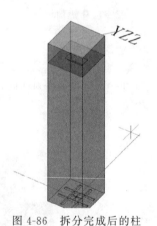

图 4-86   拆分完成后的柱

4.3.6 梁的拆分

梁的拆分设计需要在"方案设计"模块中选择"梁拆分设计"，如图 4-87 所示。然后，输入混凝土强度等级、截面类型和搭接长度等参数，如图 4-88 所示。接着，对于梁的两端设计键槽、翻边、挑耳等内容，可以在梁拆分对话框中进行设置，如图 4-89 所示。最后，还需要设计主次梁搭接的形式以及连接处键槽的腰筋，如图 4-90 所示。完成后，可以得到一个梁拆分后的效果，如图 4-91 所示。梁的拆分设计可以很好地满足建筑施工的需要，提高建筑施工效率和质量。

图 4-87　梁拆分设计命令

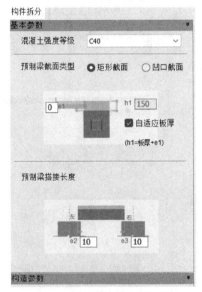

图 4-88　梁构件拆分参数设置

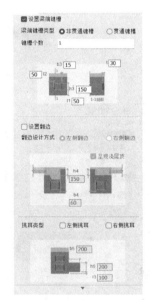

图 4-89　键槽、翻边、挑耳设置

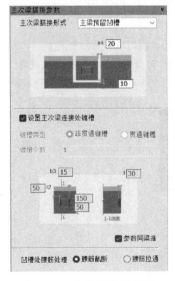

图 4-90　主次梁搭接设置

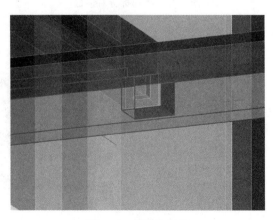

图 4-91　梁拆分效果

4.3.7　楼梯的拆分

楼梯拆分，首先在"方案设计"中选择"预制部品"，然后选择"楼梯拆分设计"，如图 4-92 所示。然后，在"楼梯拆分对话框"中输入预制楼梯类型、混凝土强度等级和销键预留洞参数，如图 4-93 所示。接下来，可以设置防滑槽参数以及滴水线槽参数等内容，如图 4-94 所示。完成后，可以得到一个楼梯的拆分后效果，如图 4-95 所示。

图 4-92　楼梯拆分设计命令

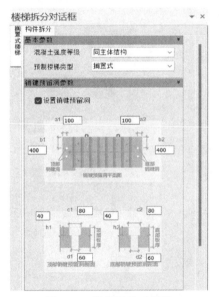

图 4-93　楼梯拆分对话框

图 4-94　防滑槽、滴水线槽参数设置

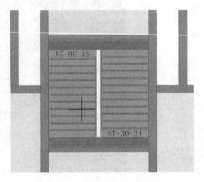

图 4-95　楼梯拆分后效果

4.3.8　爆炸图

PKPM-PC 软件提供了生成爆炸图的功能。首先，需要切换到"自然层 1（标准层 1）"识图，如图 4-96 所示。然后，在"方案设计"模块中选择"爆炸图"，如图 4-97 所示。在"户型爆炸图"中选择"通用设置"，对文字、引线等进行设置，如图 4-98 所示。之后，选择"颜色设置"，对现浇构件颜色、预制构件颜色以及颜色透明度等进行设置，如图 4-99 所示。最后，点击"导出图片"，如图 4-100 所示，即可得到导出的爆炸图，如图 4-101 所示。生成爆炸图可以方便地展示建筑结构的三维效果，有助于建筑施工的实施。在进行爆炸图的生成时，需要根据实际情况进行设置，并遵循相关规范和标准，以确保生成爆炸图的准确性和合理性，便于施工方参考和实施。

图 4-96　视图浏览器

图 4-97　爆炸图命令

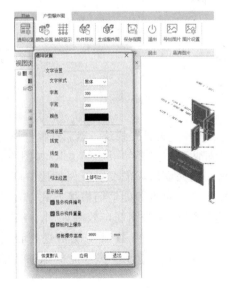

图 4-98　通用设置

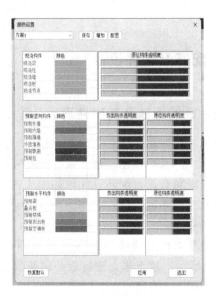

图 4-99　颜色设置

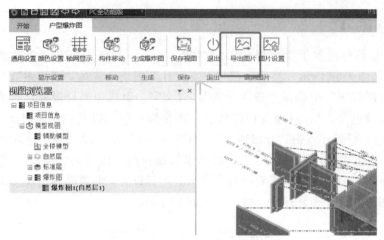

图 4-100　导出图片命令

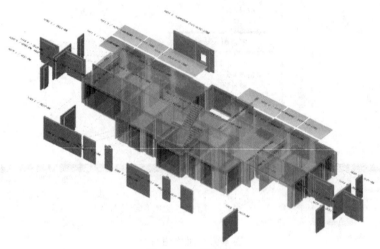

图 4-101　爆炸图

4.4　配筋及埋件设计

4.4.1　板的配筋及其附件设计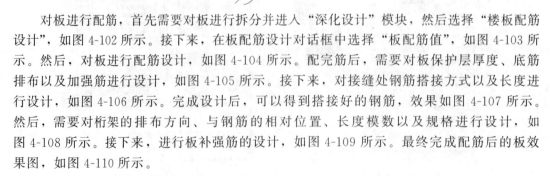

对板进行配筋，首先需要对板进行拆分并进入"深化设计"模块，然后选择"楼板配筋设计"，如图 4-102 所示。接下来，在板配筋设计对话框中选择"板配筋值"，如图 4-103 所示。然后，对板进行配筋设计，如图 4-104 所示。配完筋后，需要对板保护层厚度、底筋排布以及加强筋进行设计，如图 4-105 所示。接下来，对接缝处钢筋搭接方式以及长度进行设计，如图 4-106 所示。完成设计后，可以得到搭接好的钢筋，效果如图 4-107 所示。然后，需要对桁架的排布方向、与钢筋的相对位置、长度模数以及规格进行设计，如图 4-108 所示。接下来，进行板补强筋的设计，如图 4-109 所示。最终完成配筋后的板效果图，如图 4-110 所示。

图 4-102　楼板配筋设计命令

图 4-103　板配筋设计对话框

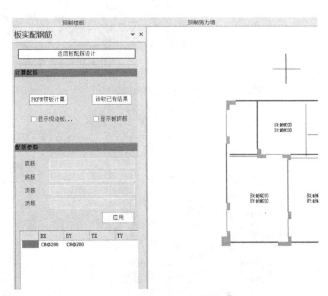

图 4-104　板实配钢筋设计

图 4-105　板底筋参数设计

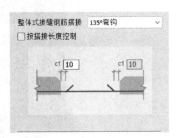

图 4-106　接缝钢筋搭接设计

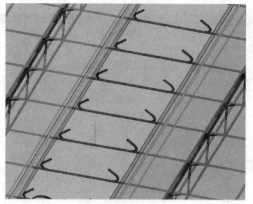

图 4-107　效果图

图 4-108　桁架参数设计

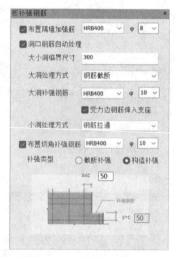

图 4-109　板补强钢筋设计

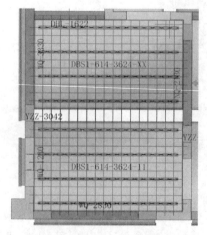

图 4-110　配筋后板效果图

完成板的配筋后，还需要对板的吊装埋件类型、规格以及排布方式进行设计，如图 4-111 所示。最终生成的板模型如图 4-112 所示。

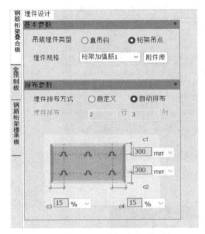

图 4-111　板埋件设计对话框

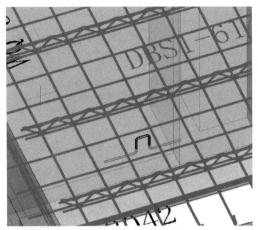

图 4-112　板最终效果图

通过 PKPM-PC 进行板的配筋及其埋件的设计，可以有效提高建筑施工的效率和质量。在进行板的配筋设计时，需要根据相关的规范和标准进行设计，确保设计的准确性和合理性。除了配筋之外，还需要注意板的加固和保护等方面的设计。同时，针对不同类型的板，可能根据需要进行相应的设计。因此，需要针对具体情况进行设计，以保障工程质量和安全。

4.4.2　板配筋调整

对板进行配筋及附件设计后，往往还需要进一步调整和优化。首先，在"深化设计"模块中选择"预制楼板"中的"安装方向"，如图 4-113 所示。然后，选择板的安装方向以及生效的范围，如图 4-114 所示。完成设置后，可以得到安装方向调整后的板，如图 4-115 所示。

接下来，在"深化设计"模块中进行"底筋避让"设计，如图 4-116 所示。在弹出的对话框中，对钢筋错缝值以及避让方式等进行设计，如图 4-117 所示。完成设计后，可以得到完成避让效果的板，如图 4-118 所示。

此外，还可以在"深化设计"模块中进行"切角加强"的设计，如图 4-119 所示。在弹出的对话框中，对切角加强筋进行设计，参数如图 4-120 所示。如果仍然需要对板进行进一步的设计，则可以双击板进入"装配式构件"对话框，对板的基本参数进行设置，如图 4-121 所示。也可以点击对话框中的"深化编辑"，在"钢筋编辑器"中对其进行细致

图 4-113　安装方向设置

化的设计，如图 4-122 和图 4-123 所示。

图 4-114　预制楼板安装方向对话框

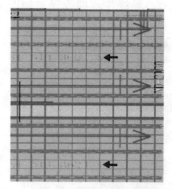

图 4-115　板安装方向调整效果图

图 4-116　底筋避让命令

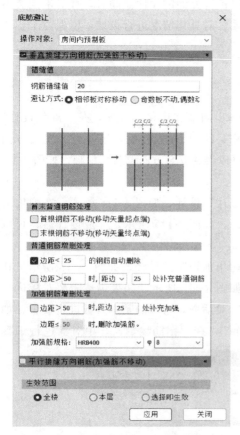

图 4-117　底筋避让对话框

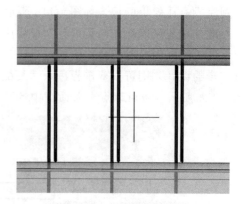

图 4-118　板完成避让效果

图 4-119　切角加强命令

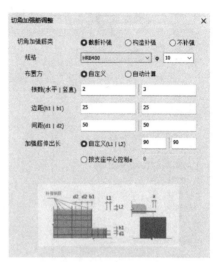

图 4-120　切角加强筋调整对话框

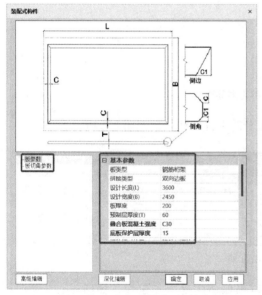

图 4-121　装配式构件对话框

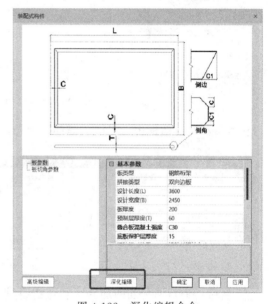

图 4-122　深化编辑命令

　　板配筋调整可以进一步优化板的设计，提高建筑施工效率和质量。在进行板配筋调整时，需要根据实际情况进行调整，并遵循相关规范和标准，以确保调整后的设计具有准确性和合理性，保障工程质量和安全。此外，配筋调整还需要考虑板的受力情况和耐久性，进行科学的设计和优化，以保证板在使用过程中的稳定性和可靠性。

4.4.3　墙配筋及其附件设计

　　建筑施工中，墙的配筋及其附件设计也是极其重要的环节之一。针对这一问题，PK-PM-PC 软件提供了墙的配筋及其附件设计功能，便于工程师根据实际的建筑需求进行墙体的设计。首先在"深化设计"模块中选择"墙配筋设计"，如图 4-124 所示。接下来在

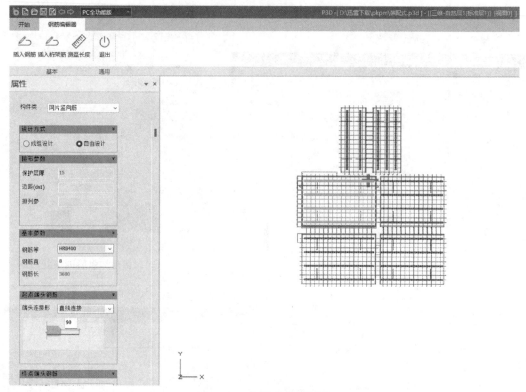

图 4-123   钢筋编辑器界面

"基本参数"对话框中，对墙的纵筋、保护层和套筒进行设计，如图 4-125 所示。

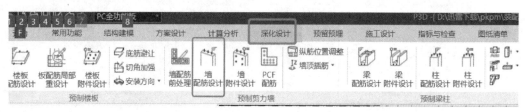

图 4-124   墙配筋

　　然后，进行墙配筋的加密区和弯折设计，以确保墙的受力稳定性，如图 4-126 所示。接下来，对墙身的竖向钢筋、封边和墙柱进行设计，如图 4-127 所示。然后，对连梁保护层厚度、腰筋、底筋、顶筋以及锚固方式进行设计，如图 4-128 所示。最后，对墙的外叶板配筋以及填充部分进行配筋设计，如窗下等，如图 4-129 所示。最终完成配筋的墙体图像如图 4-130 所示。

　　完成墙的配筋设计后，通常还需要对墙体的附件进行设计，如墙壁的吊装、埋件、脱模等。可以选择"墙附件设计"如图 4-131，在对话框中对吊装埋件的种类、规格以及排布方式进行设计，如图 4-132 所示。接下来，对预制墙的脱模及斜支撑的埋件类型和排布类型进行设计，如图 4-133 所示。最后，还需要对拉模件的埋件类型及其规格和间距进行设计，如图 4-134 所示。

　　墙的配筋及其附件设计可以进一步提高建筑施工效率和质量。在进行配筋及其附件设计时，需要根据相关规范和标准进行设计，并遵守建筑的安全标准，以确保设计的准确性和合理性。此外，设计师还需要考虑到墙体的受力和承压情况、变形情况以及墙体的固定和支撑等问题，以保证工程的质量和安全性。在进行墙体配筋及其附件设计时，需要选择合适的配筋，同时还需要考虑到墙体的附件设计，确保墙体的稳定性和耐久性。

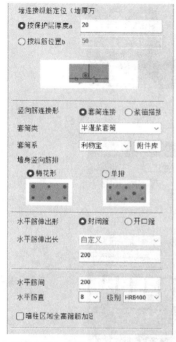

图 4-125　墙纵筋、竖向筋参数

图 4-126　墙水平筋参数

图 4-127　竖向钢筋间距、
封边及墙柱参数

图 4-128　连梁参数对话框

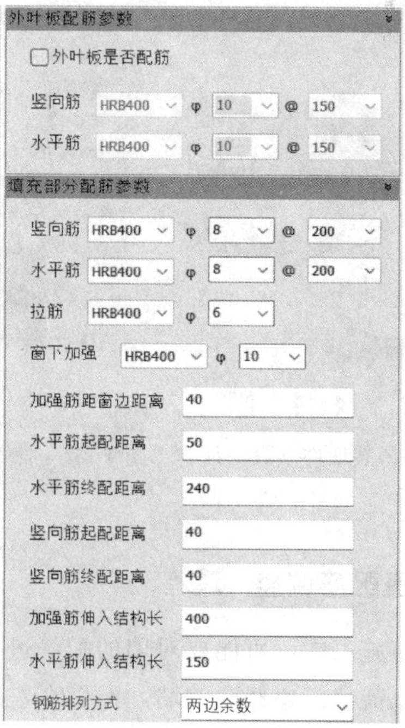

图 4-129　外叶板及填充部分对话框

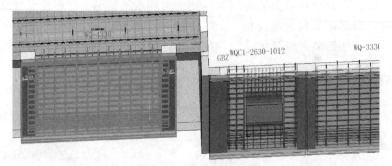

图 4-130   墙配筋效果图

图 4-131   墙附件设计命令

图 4-132   吊装埋件参数设计

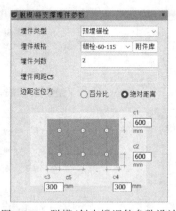

图 4-133   脱模/斜支撑埋件参数设计

图 4-134   拉模件参数设计

4.4.4　墙配筋调整

在建筑施工中，可能要对墙的配筋进行调整，PKPM-PC 软件也为此提供了墙配筋调整功能。只需点击要修改的墙，然后在左侧弹出的属性框中对墙的基本参数及内叶墙的参数等进行设计，如图 4-135 所示。然后，对外叶墙的厚度、保温层、企口等进行调整，如图 4-136 所示。

图 4-135　墙基本参数及内叶墙参数设计　　　　图 4-136　外叶墙参数设计

　　墙的配筋调整可以进一步优化墙体的设计，提高建筑施工效率和质量。在进行调整时，需要根据实际情况进行调整，并遵循相关规范和标准，以确保调整后的设计具有准确性和合理性，以保障工程质量和安全。此外，配筋调整还需要考虑墙的受力情况和耐久性，进行科学的设计和优化，以保证墙体在使用过程中的稳定性和可靠性。对墙进行配筋调整可以进一步优化墙的设计，提高施工效率和工程质量。

4.4.5　柱配筋及其附件设计

　　在结构工程设计中，柱配筋及其附件设计也是非常关键的环节之一。在 PKPM-PC 软件中，可以选择柱配筋设计命令来进行柱配筋的设计操作，需要进行如下的步骤。

　　首先选择"柱配筋设计"操作如图 4-137 所示。之后会弹出柱配筋设计对话框，在其中点击"柱配筋值"，如图 4-138 所示。然后，就可以在柱的表面进行配筋设计操作，如图 4-139 所示。在完成柱的纵筋设计后，还需要对其套筒种类进行设计操作，如图 4-140 所示。同时，在预制柱的灌浆操作面设计中，也需要进行适当的设计操作，如图 4-141 所

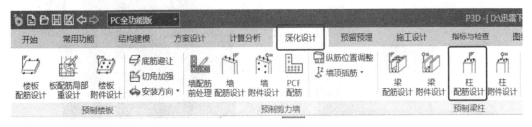

图 4-137　柱配筋设计命令

示。除此之外，还需要进行导向孔的设计操作，如图 4-142 所示，以确保柱的稳定性和承载能力。完成后的效果如图 4-143 所示。

图 4-138 柱配筋设计对话框

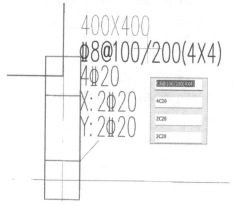

图 4-139 柱配筋值

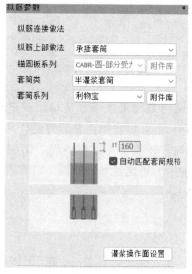

图 4-140 纵筋参数套筒设计

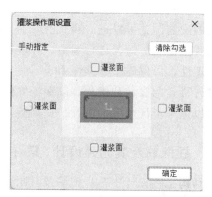

图 4-141 灌浆操作面设置对话框

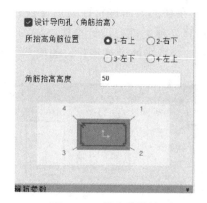

图 4-142 导向孔设计

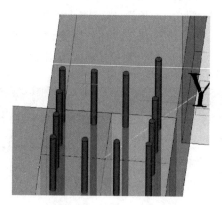

图 4-143 配筋设计后柱效果图

最后对箍筋形式以及柱端加密区进行设计如图 4-144，完成后的柱如图 4-145 所示。

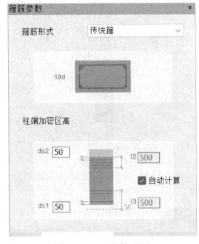

图 4-144　箍筋设计

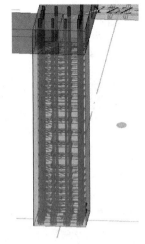

图 4-145　箍筋设计后柱效果图

完成柱的配筋设计后，还需要对柱的附件进行设计操作。选择"柱附件设计"命令进行附件的设计操作，如图 4-146 所示。在该命令下，需要进行吊装埋件类型、规格及埋件排布的设计操作，如图 4-147 所示。另外，还需要对脱模埋件种类、规格和斜撑种类和规格进行设计操作，如图 4-148 所示。在完成上述设计操作后，需要点击"埋件所在面设置"进行设计，如图 4-149 所示。最后，需要对拉模件参数进行设计操作，如图 4-150 所示，以确定柱端加密区和箍筋形式等设计要素，完成后的效果如图 4-151 所示。

图 4-146　柱附件设计命令

图 4-147　吊装埋件参数设计

图 4-148　脱模/斜撑埋件参数设计

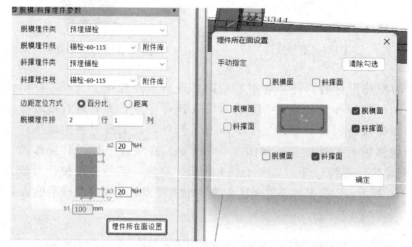

图 4-149　埋件所在面设置

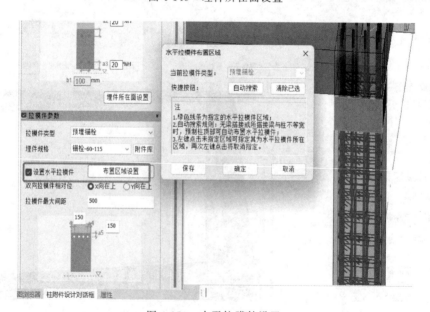

图 4-150　水平拉膜件设置

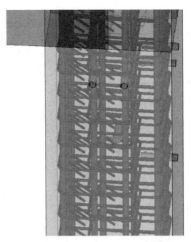

图 4-151　附件设计后柱效果图

通过 PKPM-PC 进行柱配筋及其附件的设计，可以更加快速、准确地完成结构工程设计中的关键环节。在设计过程中，需要严格遵守设计规范和标准，同时对柱的配筋、附件及其他关键要素进行精确的测量和标注，以确保柱体结构的安全性和可靠性。

综上所述，柱配筋及其附件设计是结构工程设计中一个非常关键的环节。通过 PKPM-PC，可以利用其配筋设计、灌浆面设计、导向孔设计等功能，更加快速、准确地完成柱的配筋设计操作。同时，可以对其附件的吊装、脱模和拉模进行合理的设计，以确保柱体结构的稳定性和承载能力。

4.4.6　柱配筋调整

在完成柱的配筋及其附件的设计后，还可以对柱的配筋进行调整操作。在 PKPM-PC 软件中，可以选择单参修改命令来进行柱配筋的修改调整操作。

首先，在"深化设计"模块中选择"单参修改"，如图 4-152 所示。然后，点击要修改的柱体结构，在弹出的界面中就可以对柱的角筋、侧面钢筋、箍筋、插筋、键槽、吊装等进行修改调整，如图 4-153 所示。

图 4-152　单参修改命令

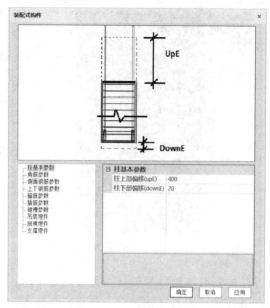

图 4-153　柱钢筋调整

除此之外，还可以在点击柱体结构后，在属性框中对其基本参数和顶部键槽进行修改操作，如图 4-154 所示。需要注意的是，还可以修改底部键槽与纵筋参数来进行优化调整，如图 4-155 所示。

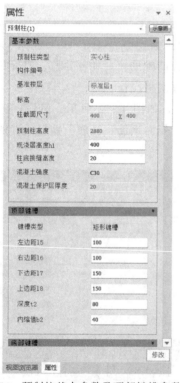

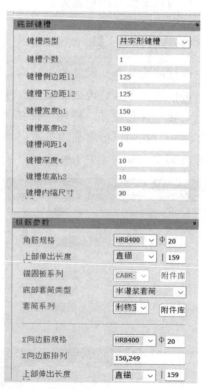

图 4-154　预制柱基本参数及顶部键槽参数设置　　图 4-155　预制柱底部键槽及纵筋参数设置

　　然后，还需要对柱体结构的边筋以及箍筋进行修改，以满足具体设计要求，如图 4-156 所示。最后，还需要对埋件进行合理的调整设计，如图 4-157 所示，以保证柱体结构的整体稳定性和承载能力。

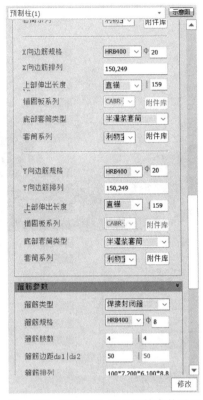

图 4-156　预制柱边筋及箍筋参数设置　　　　　　　图 4-157　预制柱埋件参数设置

　　通过 PKPM-PC 进行柱的配筋调整操作，可以更加方便地进行修改和设计优化。在具体操作过程中，需要结合结构工程设计要求和标准，对柱体结构的配筋、边筋、箍筋、键槽、吊装等要素进行合理的调整和优化。需要注意的是，在修改过程中，需要保证设计质量和安全性，确保柱体结构的整体可靠性和稳定性。

4.4.7　梁配筋及其附件设计

　　在结构工程设计中，梁配筋及其附件的设计也是非常重要的环节之一。可以选择梁配筋设计命令来进行梁配筋的设计操作。

　　首先，在"深化设计"模块中选择"梁配筋设计"操作，如图 4-158 所示。之后，在"梁配筋设计对话框"中选择"梁配筋值"，如图 4-159 所示，就可以在梁原位进行配筋设计操作，如图 4-160 所示。在完成梁的配筋设计后，还需要对梁的底筋与锚固进行设计操作（图 4-161），以确保梁的稳定性和承载能力。需要特别注意的是，还需要对梁的箍筋以及加密区进行合理的设计，如图 4-162 所示。完成后的梁模型如图 4-163 所示。

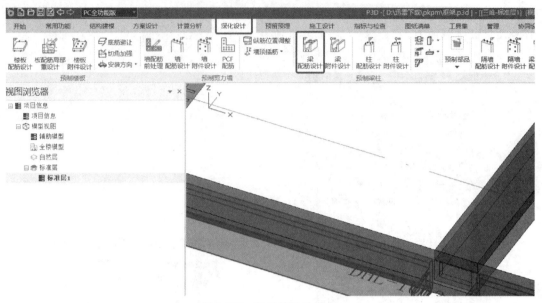

图 4-158　梁配筋设计命令

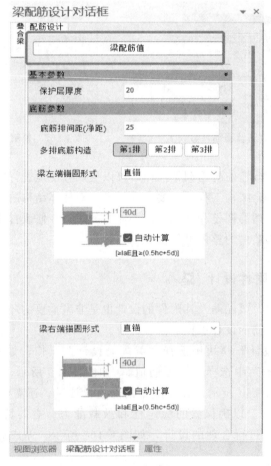

图 4-159　梁配筋设计对话框

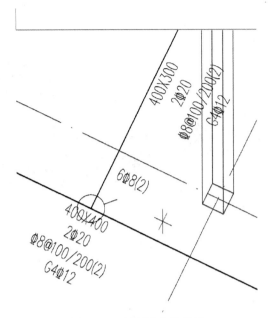

图 4-160　梁原位配筋设计

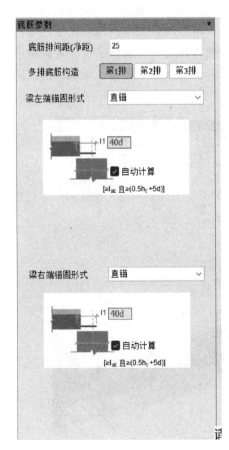

图 4-161　底筋参数设计

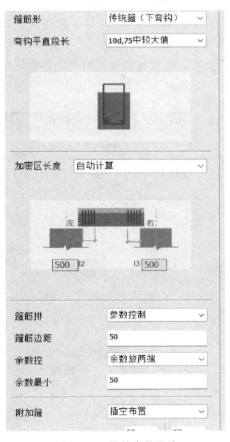

图 4-162　箍筋参数设计

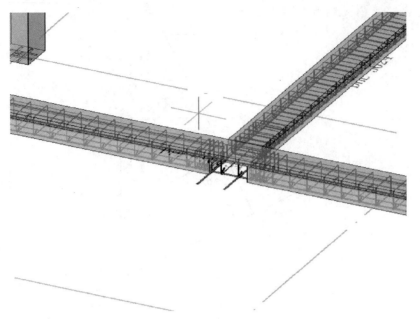

图 4-163　配筋设计后梁效果图

　　完成梁体结构的配筋设计后，还需要对梁的附件进行设计，通过"梁附件设计"命令进行操作，如图 4-164 所示。在该命令下，需要对梁的吊装埋件类型、规格以及排布进行设计操作，如图 4-165 所示。然后，还需要对梁的拉模埋件类型、规格以及布置区域进行设计操作，以确保梁体结构的整体稳定性和承载能力，如图 4-166 所示。完成后的效果如图 4-167 所示。

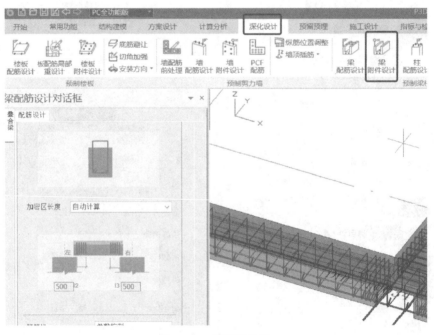

图 4-164　梁附件设计

图 4-165　吊装/脱模埋件参数设计　　　　　　图 4-166　拉膜件参数设计

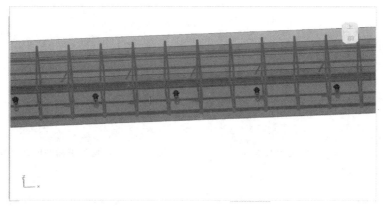

图 4-167　附件设计后梁效果图

4.4.8　主次梁搭接

在结构工程设计中，主次梁是连接楼板和柱子的支撑结构，具有承载楼板荷载并传递给柱子的重要作用。梁的搭接也是与梁的连接及承载能力密切相关的重要步骤，可以进行主次梁的搭接设计。

在完成主次梁的配筋及埋件设计后，需要在"深化设计"模块中进行"主次梁搭接"，如图 4-168 所示。然后，选择"主次梁搭接形式"，如图 4-169 所示。在选择完主次梁搭接形式后，设计主次梁连接处的键槽及选择凹槽处腰筋处理，如图 4-170 所示。可以根据设计要求设置好参数，框选需要设计的主次梁，然后点击"应用"即可完成主次梁搭接，如图 4-171 所示。

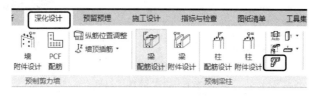

图 4-168　主次梁搭接命令

图 4-169　主次梁搭接修改工具对话框

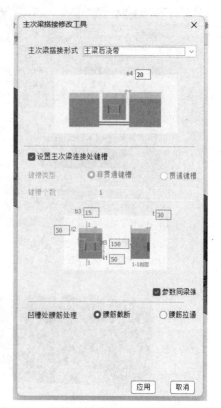

图 4-170　连接处键槽和凹槽处腰筋处理设计

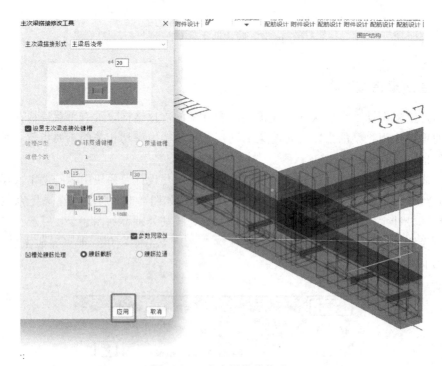

图 4-171　主次梁搭接修改

在 PKPM-PC 软件中，主次梁搭接设置非常简单，只需选择合适的搭接形式和参数后点击应用即可。完成主次梁搭接后的梁不仅具备了良好的连接性，而且还能够承受高强度的楼板荷载及其他荷载，如图 4-172 所示。值得注意的是，主次梁搭接的设计需要考虑其承载能力和稳定性，如果设计不当，可能会导致梁的断裂或倾斜等安全问题。因此，在进行主次梁搭接设计时，需要仔细检查搭接的参数和相关要求，以确保梁的质量和安全性。

图 4-172　主次梁搭接后梁效果图

综上所述，主次梁搭接是结构工程设计中一个非常重要的环节。通过 PKPM-PC，可以利用主次梁搭接设计功能，更加快速和准确地完成梁的设计和建造。

4.4.9　底筋避让

在结构工程设计中，底筋避让是主次梁设计的一个关键问题，它能够有效提高梁的受力能力和稳定性。可以利用梁底筋避让功能来进行底筋的布置。

在完成主次梁搭接的设计后，需要在"深化设计"模块中进行梁底筋避让，如图 4-173所示。然后，需要根据需求设置竖向和水平的避让距离，如图 4-174 所示。钢筋竖向避让参数设置完成后，可以从图中看到实际的竖向避让效果，如图 4-175 所示。

接下来，需要设置水平的钢筋避让。设置好该梁的水平避让距离后，系统即可自动生成相应的钢筋布置方案，如图 4-176 所示。钢筋布置完成后，可以从图中看到实际的水平避让效果，如图 4-177 所示。

在 PKPM-PC 中，底筋避让的设计非常方便快捷，简单设置避让距离即可生成相应的钢筋布置方案。

图 4-173　底筋避让命令

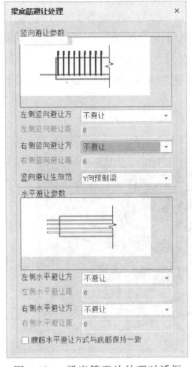

图 4-174　梁底筋避让处理对话框

图 4-175　竖向避让效果图

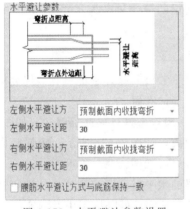

图 4-176　水平避让参数设置

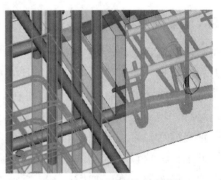

图 4-177　水平避让效果图

4.4.10　梁配筋调整

在结构工程设计中，对梁进行合理的配筋调整是确保梁的稳定性和承载能力的重要环节。根据具体的设计要求，通过梁配筋调整功能可以简单快速地进行梁配筋的修改和调整。

在完成梁底筋的避让后，可以对预制梁安装方向进行设置。首先，在"深化设计"模块中选择"预制梁安装方向设置"，如图 4-178 所示。然后，在对话框中选择安装的方向以及生效的范围，如图 4-179 所示。设置完成后的预制梁如图 4-180 所示。

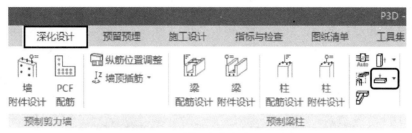

图 4-178　预制梁安装方向设置命令

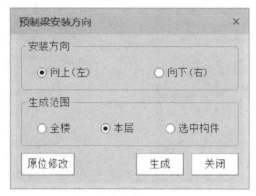

图 4-179　预制梁安装方向对话框

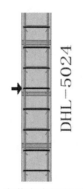

图 4-180　安装方向调整后梁效果图

　　点击梁,在左侧的属性框中完成梁的基本参数以及构造参数、底筋参数,如图 4-181、图 4-182 所示。对于梁的腰筋和箍筋参数,也可以通过梁配筋调整功能进行修改和调整,如图 4-183 所示。最后,可以对梁的拉筋及埋件参数进行修改,如图 4-184 所示。

　　需要注意的是,可以双击要修改的梁,然后在弹出的装配式构件对话框中进行调整修改,如图 4-185 所示。这种方法更加便捷,可以直接对需要修改的参数进行调整。

　　在 PKPM-PC 中,可以利用梁配筋调整功能进行快速和准确的梁配筋修改和调整。但需要注意的是,梁配筋的设计需要严格遵守设计规范和标准,同时要考虑到梁的承载能力、稳定性以及倒塌等安全问题。因此,在进行梁配筋调整设计时,需要认真检查每个参数的设计要求,以确保梁的质量和安全性。

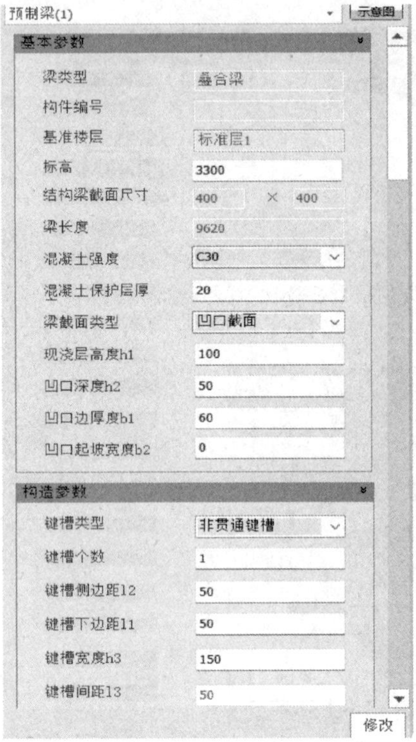

图 4-181　梁基本参数与构造参数设计

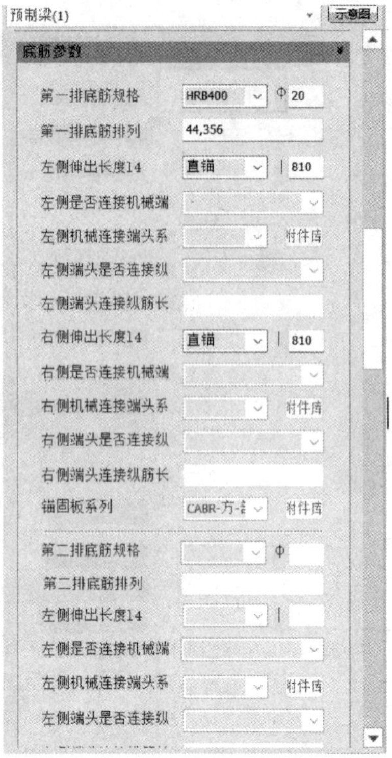

图 4-182　底筋参数设计

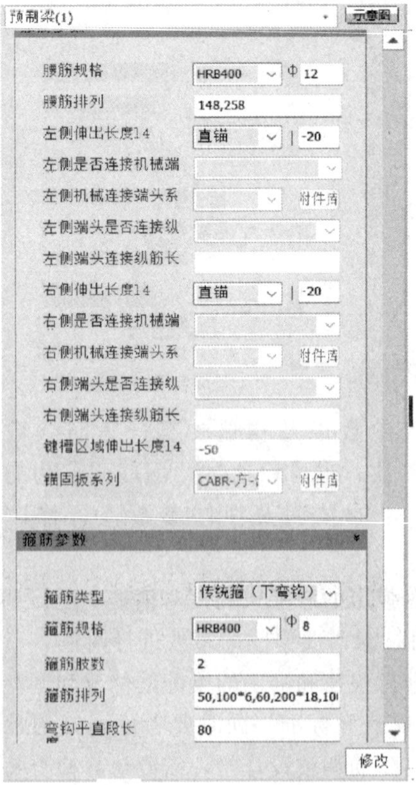

图 4-183　腰筋、箍筋参数设计

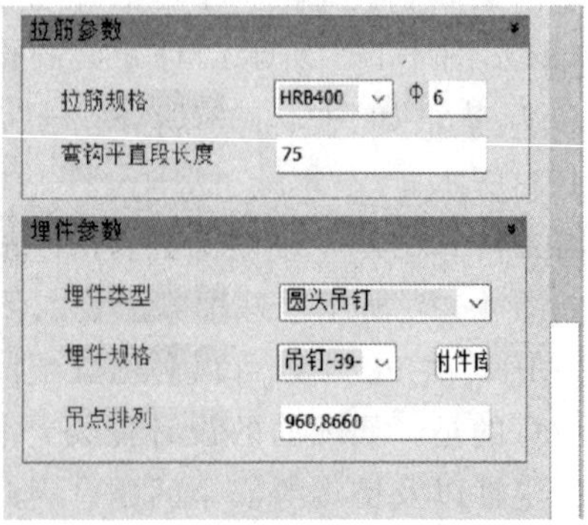

图 4-184　拉筋、埋件参数设计

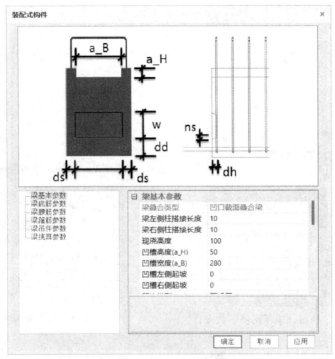

图 4-185　梁装配式构件对话框

4.4.11　楼梯的配筋及其附件设计

在结构工程设计中，楼梯的配筋及其附件设计是确保楼梯承载能力和稳定性的重要环节。可以根据具体的设计要求，通过楼梯配筋及其附件设计功能简单快速地进行楼梯配筋和附件的优化和调整。

对于楼梯的配筋设计，首先需要在"深化设计"模块中选择"预制部品"中的"楼梯配筋设计"，如图 4-186 所示。然后，在对话框中设计楼梯梯段钢筋及端部钢筋，如图 4-187 所示。接下来，对销键、吊点以及板边的加强筋进行设计，如图 4-188 所示。设置完成后的楼梯如图 4-189 所示。

完成楼梯的配筋设计后，需要选择"深化设计"模块中"预制部品"中的"楼梯附件设计"，如图 4-190 所示。然后，对楼梯的吊装埋件类型、规格以及排布方式进行设计，如图 4-191 所示。接下来，需要设定楼梯的脱模埋件位置、类型、规格以及键槽的参数，如图 4-192 所示。最后，需要对楼梯的栏杆预留预埋进行设计，如图 4-193 所示。设置完成后的楼梯效果如图 4-194 所示。

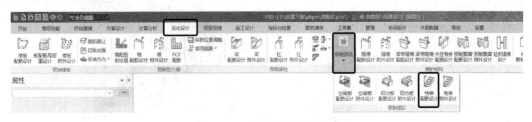

图 4-186　楼梯配筋设计命令

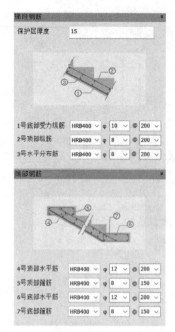

图 4-187　梯段、端部钢筋参数设计

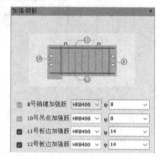

图 4-188　加强钢筋设计

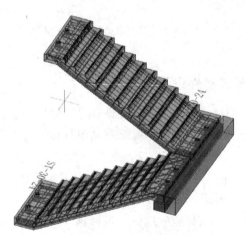

图 4-189　配筋设计后楼梯效果图

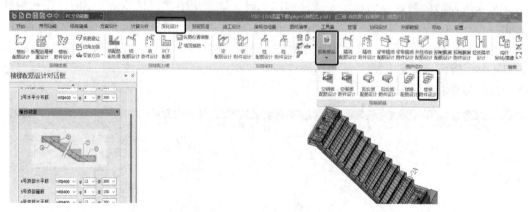

图 4-190　楼梯附件设计命令

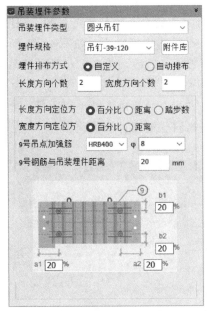

图 4-191　吊装埋件参数设计

图 4-192　脱模埋件参数设计

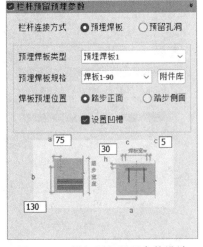

图 4-193　栏杆预留预埋参数设计

图 4-194　附件设计后楼梯效果图

　　需要注意的是，在进行楼梯的配筋及其附件设计时，需要遵守国家规定的设计要求和标准。同时，还需要考虑楼梯承载能力和稳定性等安全问题，准确地进行楼梯的配筋和附件的优化和调整。但是，需要认真检查每项参数的设计要求，以确保楼梯的质量和安全性。

4.4.12　楼梯配筋调整

　　完成楼梯的配筋后，如果需要对其进行调整或修改，可以进行单独修改。首先，在"深化设计"模块中选择"单参修改"，然后点击要进行调整的楼梯，如图 4-195 所示。接下来，在弹出的对话框中，对楼梯的参数进行修改，如图 4-196 所示。此外，还可以通过点击要进行调整的楼梯，在左侧的属性框中调整销键和基本参数与构造参数，如图 4-197 所示。然后，对楼梯的防滑槽、滴水线槽以及踏步进行调整或修改，如图 4-198 所示。接下来，对楼梯的配筋进行调整或修改，如图 4-199 所示。最后，还可以对楼梯的吊装、脱模、键槽等等埋件进行调整或修改，如图 4-200 所示。

楼梯的配筋调整可以进一步优化楼梯的设计，并提高建筑施工效率和质量。此外，配筋调整还需要考虑到楼梯的受力情况和耐久性，进行科学的设计和优化。

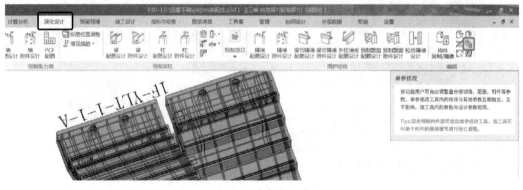

图 4-195　单参修改命令

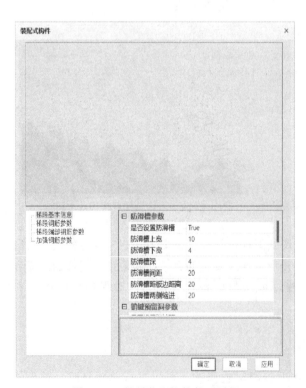

图 4-196　楼梯装配饰构件对话框

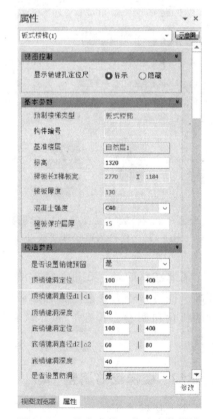

图 4-197　基本参数、构造参数设计

属性	▼ ×
板式楼梯(1)	示意图

顶销键洞定位	100	400
顶销键洞直径d1|c1	60	80
顶销键洞深度	40	
底销键洞定位	100	400
底销键洞直径d2|c2	60	80
底销键洞深度	40	
是否设置防滑	是	
防滑槽定位	20	20
防滑槽宽	4	10
防滑槽深	4	
防滑槽间距	20	
是否设置滴水线	是	
滴水线槽夹	梯形	
滴水线槽宽	10	20
滴水线槽深	10	
滴水线槽边距	20	
滴水线槽半径	10	
是否设置踏步倒	否	
踏步阳角半径	10	
踏步阴角半径	10	

图 4-198　销键洞、防滑槽、滴水线槽及踏步设计

属性	▼ ×
板式楼梯(1)	示意图
扩展属性	
库编码/型号	
配筋信息	
1号钢筋	HRB4(∨ Φ 10
1号钢筋边距	34 | 30
1号钢筋排布	160,200*4,160
2号钢筋	HRB4(∨ Φ 8
2号钢筋边距	34 | 30
2号钢筋排布	160,200*4,160
3号钢筋	HRB4(∨ Φ 8
3号钢筋排布	200*12
4号钢筋	HRB4(∨ Φ 12
4号钢筋边距	29 | 29
4号钢筋排布	171*2
5号钢筋	HRB4(∨ Φ 8
5号钢筋边距	60 | 60
5号钢筋排布	82,150*6,82
6号钢筋	HRB4(∨ Φ 12
6号钢筋边距	29 | 33

图 4-199　配筋信息设计

属性	▼ ×
板式楼梯(1)	示意图
埋件参数	
吊装埋件类型	圆头吊钉
埋件规格	吊钉-3(∨ 附件库
吊点坐标	355,498;-355,498;355,2
脱模埋件类型	弯吊钩
埋件规格	弯吊钩 附件库
脱模埋件位置	梯井侧
键槽外轮廓	140 | 60
键槽内轮廓	120 | 40
键槽深度和定位	20 | 80
是否设置栏杆连接预	是
栏杆连接方式	预埋焊板
预埋焊板类型	预埋焊板1
预埋焊板规格	焊板1-1 ∨ 附件库
预埋焊板位置	踏步正面
是否设置凹槽	否
凹槽尺寸c|h	5 | 30
预埋焊板定位	75 | 130
栏杆洞口直径d1|d2	60 | 50
	150

图 4-200　埋件参数设计

4.5 洞口处与线盒处钢筋布置

4.5.1 洞口及其钢筋布置

洞口及其钢筋布置是建筑设计中一个重要的环节。首先，在"预留预埋"模块中选择"导入衬图"，如图 4-201 所示。然后，在弹出的对话框中选择"导入底图"，导入洞口的图纸，如图 4-202 所示。接下来，在"预留预埋"模块中选择"孔洞布置"，如图 4-203 所示。在弹出的预留洞口布置对话框中，对洞口构件类型以及形状等进行精准的设计，如图 4-204 所示。

图 4-201 导入衬图命令

图 4-202 导入底图命令

图 4-203 空洞布置命令

在"预留洞口布置对话框"中的"洞口钢筋处理参数"中对洞口处的钢筋进行参数设计，如图 4-205 所示。调整洞口钢筋时，可以在"预留预埋"模块中，选择"钢筋调整"，对洞口处钢筋的避让、弯折方式进行参数设计，如图 4-206 和图 4-207 所示。此外，还需要对洞口进行补强钢筋的设计，如图 4-208 所示。经过这些步骤的调整，最终的洞口设计效果如图 4-209 所示。

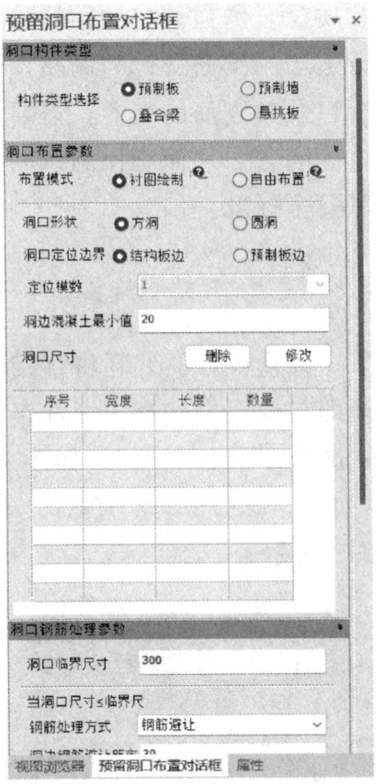

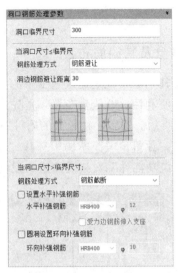

图 4-204　预留洞口布置对话框

图 4-205　洞口钢筋处理参数设计

图 4-206　钢筋调整

图 4-207　钢筋调整对话框

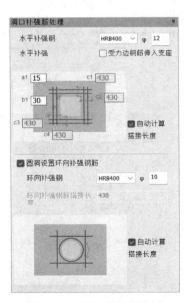

图 4-208　洞口补强筋设计

图 4-209　洞口设计效果图

洞口的钢筋布置可以进一步提高建筑施工效率和质量，增强洞口的结构稳定性。应根据相关规范和标准，针对不同形状和类型的洞口进行适当的钢筋设计与调整，并根据现场实际情况和地质条件进行细致的布置和调整。完成洞口及其钢筋的布置，需要充分考虑洞口的受力状态、洞口的实际形状以及钢筋布置和配合等问题，从而确保洞口的稳定与可靠性。最终完成的洞口设计需要满足建筑的结构要求和安全标准。

4.5.2　线盒及其钢筋布置

线盒及其钢筋布置是建筑施工中的一个重要环节，线盒设计的好坏将直接影响电器使用和维护的便利性。对线盒布置，首先，在"预留预埋"模块中选择"埋件布置（旧）"，如图 4-210 所示。然后，在弹出的附件布置对话框中选择"设备电器"，如图 4-211 所示。接下来，在"预留预埋"模块中选择"埋件布置"，如图 4-212 所示。在弹出的对话框中选择"水暖电功能件"对接线盒进行设计，如图 4-213 所示。

图 4-210　埋件布置（旧）命令

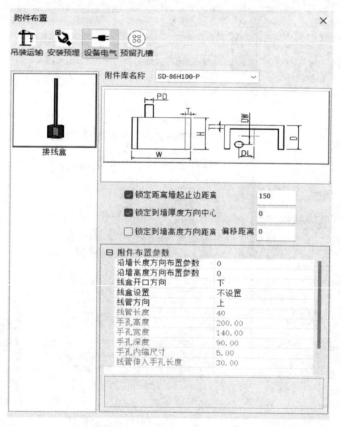

图 4-211　附件布置对话框

图 4-212　埋件布置命令

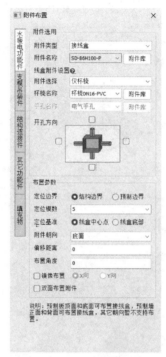

图 4-213　附件布置对话框

完成线盒的设计后，还需要对其钢筋进行布置和调整。如图 4-214 所示，在"预留预埋"模块中选择"钢筋调整"，可以方便地进行线盒避让钢筋的设计和调整，如图 4-215 和图 4-216 所示。钢筋避让调整完后的线盒，如图 4-217 所示。

线盒的钢筋布置可以进一步提高建筑施工效率和电气设备的使用性能，增强线盒的结构稳定性和安全性。应根据相关规范和标准，根据线盒类型和规格进行适当的钢筋设计与布置，并根据现场实际情况和使用设备电器的要求进行细致的布置和调整。线盒及其钢筋的布置，需要充分考虑线盒的结构及使用环境，设备电器的安全性要求以及线盒的布置和配合等问题。

图 4-214　钢筋调整命令

图 4-215　线盒避让钢筋命令

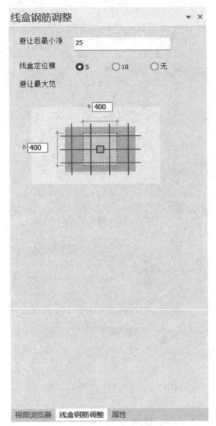

图 4-216　线盒钢筋调整对话框

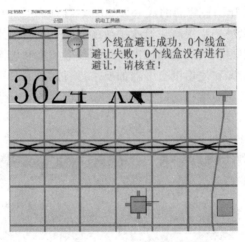

图 4-217　钢筋避让后线盒效果图

思考题

1. 如何在 PKPM-PC 软件中导入 DWG 格式的图纸识别构件信息并进行精确建立？

2. 如何绘制异形柱？

3. 如何手动进行梁的建立？

| 第5章 | 深化应用

在线视频

在装配式住宅的深化应用中，BIM 技术可以为住宅设计、生产和施工过程提供高效、精确的帮助。以下是 BIM 在装配式住宅方面深化应用的一些例子：

首先，BIM 可以通过创建精确的 3D 模型来提高设计效率和准确性。在传统的设计过程中，需要花费大量时间和资源来完成图纸设计，而 BIM 可以通过自动生成和优化设计大大减少设计时间。此外，BIM 可以帮助设计师更好地完成设计方案，因为 3D 模型可以直观地展示住宅的结构、构件、系统，从而使设计方案更加准确。

其次，BIM 可以在装配式住宅生产中提高生产准确性和效率。BIM 可以生成住宅的对应零部件，这些零部件可以自动化加工，保证每个住宅的部件尺寸和形状一致。在生产车间中，BIM 可以通过数字化的管理系统来监督生产线的进度、协调不同工序的生产和进度，保证生产效率。

最后，BIM 可以提高施工质量和节约成本。BIM 可以为施工提供全面的信息和指导，帮助工人更快、更准确地完成施工任务。使用 BIM 技术进行预制构件的生产和安装可以减少误差和浪费，大大提高施工的质量。此外，BIM 技术还可以帮助建筑行业进行资源整合和管理，降低项目成本，提升行业的效益。

总体来说，BIM 在装配式住宅中的深化应用，可以大大提高整个设计、生产、施工过程的效率和准确性，减少误差和浪费，提高产能和质量标准。

下面本章将以实际案例为例着重介绍 BIM 在装配式建筑中的深化应用，包括出图、装配率统计、施工现场及关键工序施工模拟。

5.1 出图

5.1.1 构件编号

构件编号是建筑施工图纸设计中的重要环节，通过编号方便施工人员对各个构件统一管理和跟踪。PKPM-PC 提供了相关的构件编号模块，方便工程师进行编号的设计和调整。

在"图纸清单"模块中选择"编号生成"，如图 5-1 所示。在"编号生成"对话框中，设置要编号的构件类型以及其前缀，如图 5-2 所示。接着，点击"规则设置"，对编号的规则进行设置，如图 5-3 所示。

图 5-1　编号生成

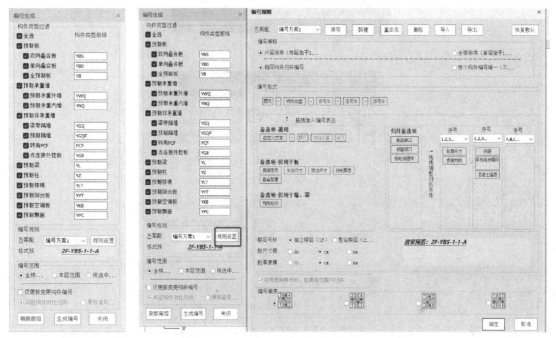

图 5-2　编号生成对话框　　　　　　　　　图 5-3　编号规则对话框

完成编号后，可在图纸上对其进行显示和标注，如图 5-4 和图 5-5 所示。最终完成的编号效果如图 5-6 所示。如果需要对编号进行调整或修改，点击"图纸清单"下的"编号修改"，如图 5-7 所示，在弹出的"编号修改"对话框中进行修改即可，如图 5-8 所示。

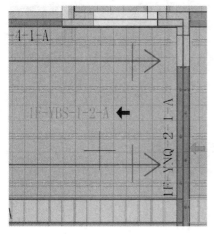

图 5-4　完成编号效果图

图 5-5　标注显示控制

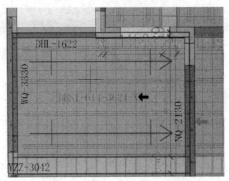

图 5-6　最终编号效果图

图 5-7　编号修改命令

图 5-8　编号修改对话框

　　构件编号的设置和管理可以提高建筑施工效率和管理水平，对于建筑施工中大量的构件进行分类和统一编号是必要的。依据相关规范和标准，根据实际需要进行适当的编号设计，并根据编号规则和要求进行精准的编号。在完成编号后，建筑施工人员可以方便地对各个构件的信息进行统一管理和跟踪，提高施工整体效率和质量。

5.1.2　装配率的统计

　　PKPM-PC 提供了装配率统计模块，方便工程师进行相应的统计和报告的生成。首先，在"指标与检查"模块中选择"国标装配率"，如图 5-9 所示。接着，在弹出的装配率计算对话框中，选择需要计算装配率的楼层构件以及其余部分，如图 5-10 所示。随后，点击"计算"按钮可以开始进入计算页面，并在此页面确认好相应的计算要求，最后完成计算，如图 5-11 所示。计算完成后，可以点击"生成报告书"，如图 5-12 所示。最终，会得到一个 Word 版的装配率报告，如图 5-13 所示。

图 5-9　国标装配率命令

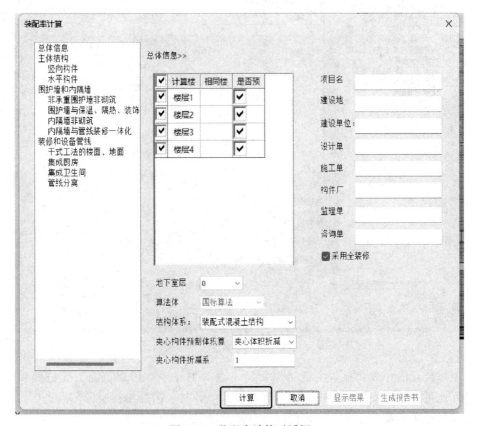

图 5-10　装配率计算对话框

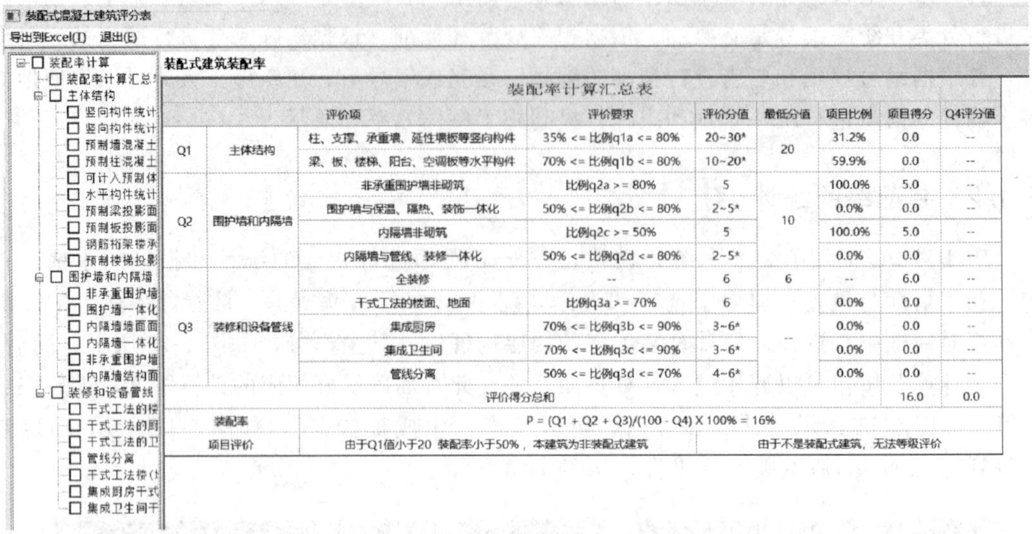

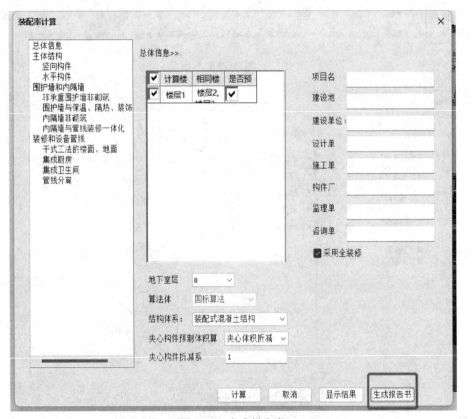

图 5-11　装配率评分

图 5-12　生成报告书

装配率统计的计算和报告生成可以帮助工程师更好地掌握建筑施工的进度和质量情况，更好地进行工程安排和管理。在进行装配率统计时，需要根据实际情况进行选择和计算，并遵循相关规范和标准，以确保统计结果的准确性和完整性。

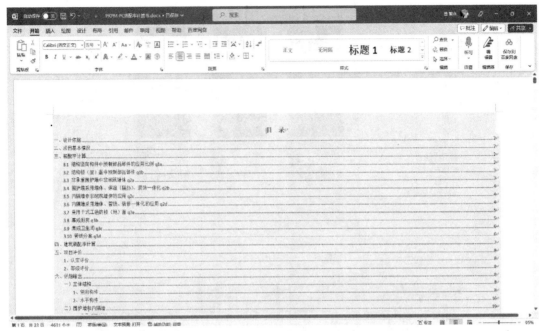

图 5-13　报告

5.1.3　临时构件出图

临时构件出图是建筑施工过程中的一项重要工作，PKPM-PC 提供了临时构件出图模块，方便工程师进行相关的出图工作，并确保其准确性和可靠性。首先，在"图纸清单"模块中选择"图库配置"，如图 5-14 所示，在弹出的"图库"对话框中，导入图纸底图，如图 5-15 所示，再在"图纸清单"下点击"自定义排图"，弹出"自定义图纸配置"界面，添加自定义图纸，如图 5-16、图 5-17 和图 5-18 所示。最后，点击"图纸清单"下"单构件临时出图"，可以完成对应的临时构件出图工作，如图 5-19 和图 5-20 所示。

图 5-14　图库配置命令

临时构件图纸的生成可以帮助工程师更好地理解施工现场的具体情况，以便更好地进行施工计划和管理。在进行临时构件出图时，需要根据实际情况进行选择和计算，并遵循相关规范和标准，以确保其准确性和完整性。最终生成的临时构件图纸需要满足建筑施工的要求，清晰明了地呈现临时构件的形态和特征。

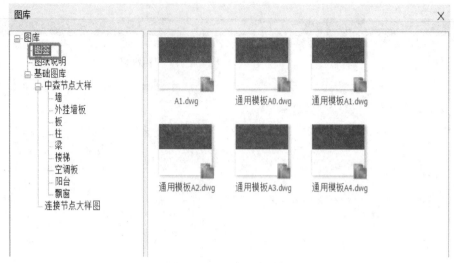

图 5-15 "图库"对话框

图 5-16 自定义排图命令

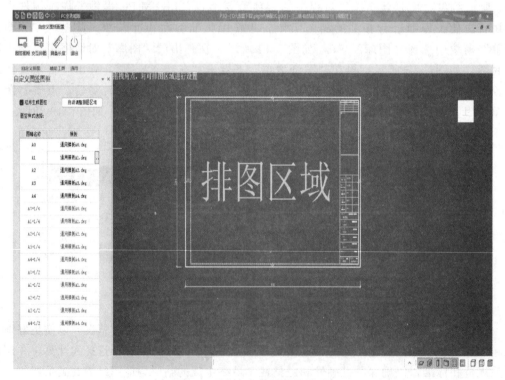

图 5-17 自定义图纸配置界面

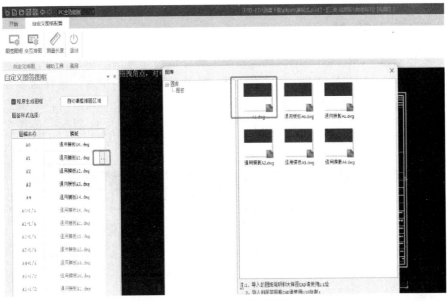

图 5-18 添加自定义图纸

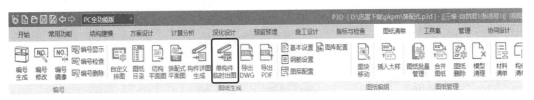

图 5-19 单构件临时出图命令

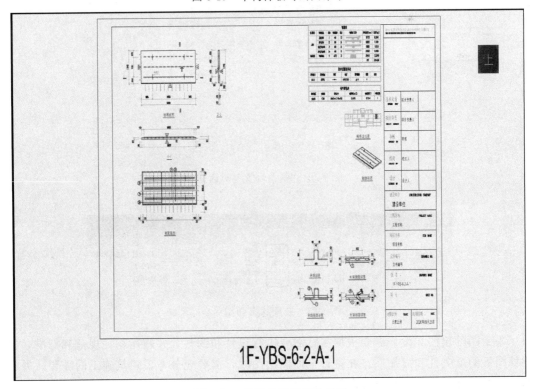

图 5-20 临时构件图纸效果图

5.1.4 平面图出图

PKPM-PC 提供了平面图出图模块，方便工程师进行相应的图纸配置和出图操作。首先，在"图纸清单"模块中选择"基本设置"，如图 5-21 所示。接着，选择需要出的平面图，对其显示和注释进行设置，如图 5-22 所示。如果需要出装配式图纸，只需点击"装配式平面图"，如图 5-23 所示，然后选择需要出的图形，如图 5-24 所示。最终完成的图纸，如图 5-25 所示。

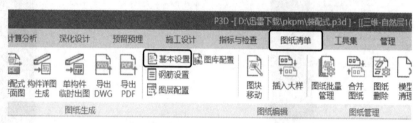

图 5-21 基本设置命令

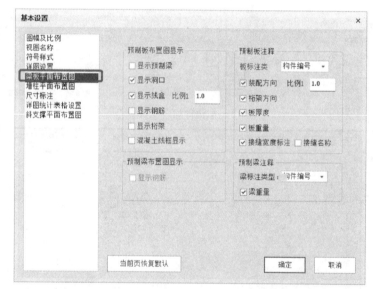

图 5-22 "基本设置"对话框

图 5-23 装配式平面图命令

平面图的出图和设计需要根据实际需要进行设置和调整，并遵循相关规范和标准，以确保图纸的准确性和可靠性。在进行平面图出图时，需要充分考虑建筑施工的需要，并根据工程的实际情况进行相应的设计和调整。

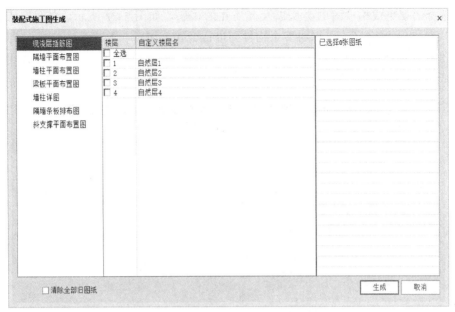

图 5-24　装配式施工图生成对话框

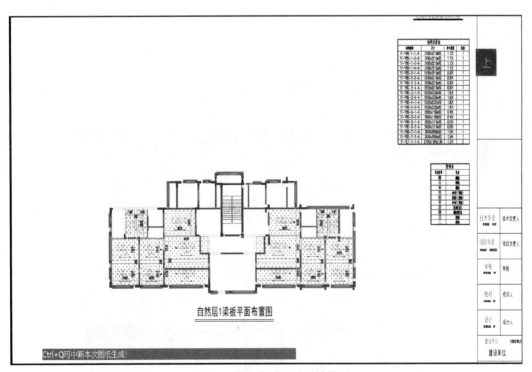

图 5-25　装配式平面图纸效果图

5.1.5　图纸合并

图纸合并是一种快速生成多个构件图的方法，对于大规模建筑施工的相关图纸设计和制作有着重要的作用。PKPM-PC 提供了此功能，方便工程师进行相关操作，实现图纸的合并并统一输出。首先，在"图纸清单"模块中选择"构件详图生成"，如图 5-26 所示。

接着，选择需要生成构件图的类型以及其所在的楼层，如图 5-27 所示。随后，点击"图纸清单"中"合并图纸"，可以将多个构件图进行合并，如图 5-28 所示。然后，选择需要合并的图纸以及合并的顺序，如图 5-29 所示。最终，完成图纸合并的操作可以得到合并后的图纸，如图 5-30 所示。

图 5-26　构件详图生成命令

图 5-27　选择绘制对话框

图 5-28　合并图纸命令

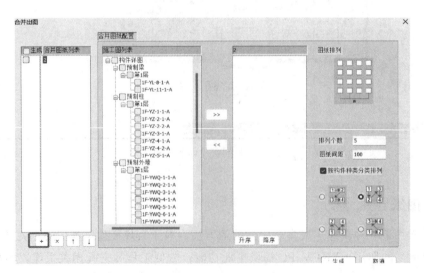

图 5-29　合并出图对话框

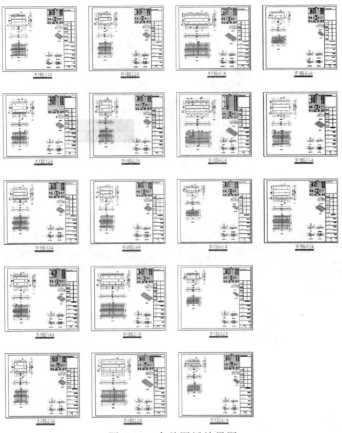

图 5-30　合并图纸效果图

图纸合并功能的使用可以为建筑施工过程中的图纸处理和制作提供便利，加快施工进度和提高施工效率。在进行图纸合并时，需要根据实际情况进行各项设置和操作，以确保图纸的准确性和可靠性。最终合并得到的图纸需要满足建筑施工的要求，清晰明了地展现建筑施工的情况和标准。

5.1.6　数据导出

数据导出是 PKPM-PC 中一个非常重要的功能，允许工程师将模型和图纸中的数据导出并储存在指定的目录中。这个功能对于数据备份和数据传递非常重要，并且在建筑施工项目中得到广泛的应用。要进行数据导出，需要在"工具集"模块中选择"导出工厂数据"，如图 5-31 所示。接着，选择需要导出的楼层。导出完成后，会得到一个压缩包，如图 5-32 所示，对其解压，可以得到模型的相应数据，如图 5-33 所示。

图 5-31　导出工厂数据命令

图 5-32   导出数据压缩包

图 5-33   数据内容

数据导出功能的使用可以为建筑施工的数据和文件管理提供便利，加快施工进度和提高工作效率。在进行数据导出前，需要根据实际需要进行相应的设置，并遵循相关规范和标准，以确保导出数据的准确性和完整性。

5.2   BIM 施工模拟

5.2.1   对施工现场进行模拟

BIM 施工模拟可以通过计算、数据等技术手段，模拟出建筑施工现场的相关情景和数据。BIM 施工模拟功能可以帮助工程师更好地进行建筑施工的规划和管理，以提高施工效率和质量。首先，在总平面图中合理规划施工现场的布置，使施工更加方便和合理，如图 5-34 所示。接着，对施工现场的生活区包括宿舍、食堂、生活垃圾回收站等设施进行布置，如图 5-35 所示。对基坑开挖进行模拟，采用放坡的形式（边坡系数 $m=3:1$），实现边坡的防护，如图 5-36 所示。最后，将施工现场整体的施工布置三维立体图更直观地呈现在人们面前，如图 5-37 所示。

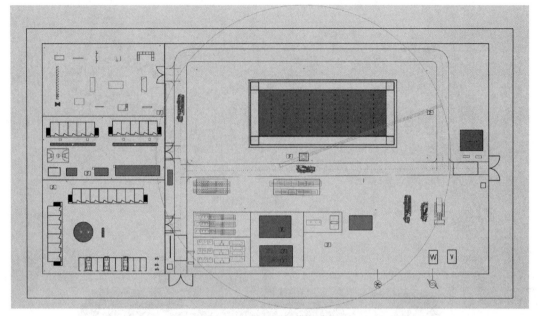

图 5-34　施工现场模拟布置

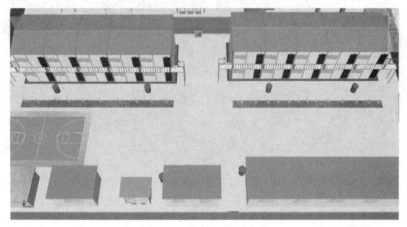

图 5-35　生活区模拟布置

5.2.2　关键工序模拟

BIM 施工模拟中的关键工序模拟是现代建筑施工中的一个重要环节，可以通过计算、数据和动画等技术手段，模拟出建筑施工现场中的关键工序和流程。关键工序模拟可以帮助工程师更好地进行建筑施工的规划和管理，以提高施工效率和质量。例如，楼梯施工中涉及支撑、模板等许多构件，施工过程繁琐，但通过动画模拟可以直观表达出来，如

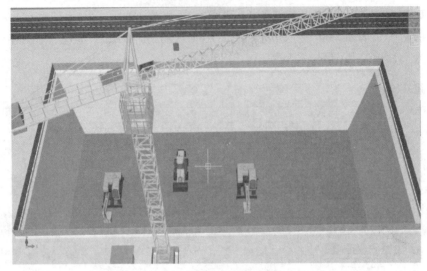

图 5-36　基坑开挖模拟

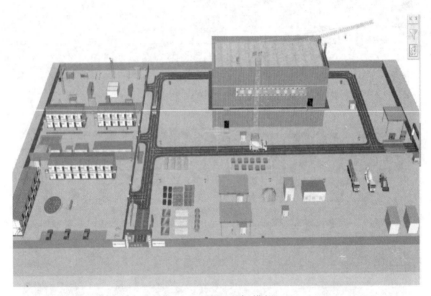

图 5-37　施工现场模拟

图 5-38 所示。对于涉及一定技术要点的主次梁交接施工，利用动画也能达到良好的表达效果，如图 5-39 所示。利用动画可以清晰展现柱施工的钢筋布置及混凝土浇筑等细节，如图 5-40 所示。

　　关键工序的模拟可以为建筑施工提供实时的支持和便利，帮助工程师更好地掌握施工现场的情况和变化，在施工过程中及时制订相应的计划和措施，提高施工效率和质量。在进行关键工序模拟时，需要根据实际情况进行相应的设置和调整，并遵循相关规范和标准，以确保模拟数据的准确性和完整性。最终得到的关键工序模拟结果需要符合建筑施工的需求，清晰明了地展现建筑施工的情况和标准，为施工过程提供明确和准确的指导。

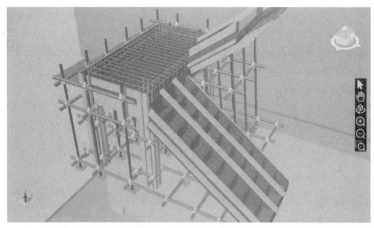

图 5-38　楼梯工序模拟

图 5-39　主次梁搭接工序模拟

图 5-40　柱浇筑工序模拟

思考题

1. 在进行装配式建筑的图纸深化过程中，如何计算装配率、生成临时构件图纸、生成平面图、生成装配式平面图以及导出数据？

2. 如何快速地调整和修改，以实现最佳的施工效果？

3. 如何提高施工现场安全性和整个施工流程的可控性？

第6章 | Navisworks 功能介绍

6.1 Navisworks 简介

Autodesk Navisworks 软件是由 Autodesk 公司开发的，用于在 BIM 核心模型的基础上进行四维进度仿真。该软件使工程项目各参与方都能够详细整合和审阅设计模型，加强建设单位、设计单位以及施工单位对工程项目成果的控制，并且可以帮助用户获得建筑信息模型工作流带来的竞争优势，在建筑信息模型（BIM）工作流中处于核心地位。该软件将 AutoCAD 和 Revit 系列等软件应用创建的设计数据，与来自其他设计工具的几何图形和信息相结合，将其作为整体的三维模型，通过多种文件格式进行实时审阅，而无需考虑文件的大小。Navisworks 软件产品帮助所有项目相关方将项目作为一个整体看待，进而优化从设计决策、建筑实施、性能预测和规划直至设施管理和运营等各个环节。

Autodesk Navisworks 系列软件包含四种产品——Autodesk Navisworks Manage、Autodesk Navisworks Simulate、Autodesk Navisworks Review、Autodesk Navisworks Freedom 软件。

Autodesk Navisworks Manage 软件主要用于工程项目 BIM 模型的分析、施工仿真以及建筑信息的全面审阅、交流。该软件可以将不同专业的设计数据整合成一个集成的项目模型，用于管理冲突、碰撞检测等，帮助设计单位以及施工单位在施工前预测和避免潜在问题。另外，Autodesk Navisworks Manage 软件可以实现工程项目动态的四维进度仿真。

Autodesk Navisworks Simulate 软件具有导出动画和照片级效果图以及完备的四维仿真等功能，使设计单位能够展示其设计理念并仿真工程项目施工流程，从而加深项目各参与方对设计的理解并提高可预测性。除此之外，该软件还具有审阅工具集和实时漫游的功能，能够显著提高工程项目团队之间的协作效率。

Autodesk Navisworks Review 软件使用户不用考虑文件格式以及文件大小随时审阅，帮助项目各参与方实现整个工程项目的实时可视化。

Autodesk Navisworks Freedom 软件是一款面向 NWD 和三维 DWFTM 文件的免费浏览器。另外，该软件使工程项目各参与方都能够查看整体项目视图，沟通交流更加方便，从而提高协作效率。

6.2 Navisworks 功能特点

6.2.1 三维模型整合

（1）强大的文件格式兼容性

Navisworks 软件支持目前市面上几乎所有的主流三维设计软件模型文件格式，具体见表 6-1。

表 6-1 Navisworks 支持的文件格式

软件	文件格式	软件	文件格式
Autodesk Navisworks	.nwd、.nwf、.nwc	JTOpen	.jt
Autodesk	.fbx	MicroStation	.dgn、.prp、.prw
AutoCAD	.dwg、.dxf	Parasolid	.x_b
ACIS SAT	.sat	PDS Design Review	.dri
CIS/2	.stp、.step	RVM	.rvm
DWF	.dwf	SketchUp	.skp
IFC	.ifc	STEP	.stp、.step
IGES	.igs、.iges	STL	.stl
Informatix MicroGDS	.man、.cv7	VRML	.wrl、.wrz
Inventor	.ipt、.iam、.ipj	3D Studio	.3ds、.prjv

需要注意的是，虽然 Navisworks 支持众多的数据格式，但是软件本身不具有建模功能。

（2）模型合并

Navisworks 可以把各个专业的不同格式的模型文件，根据其绝对坐标合并或者附加，最终整合为一个完整的模型文件。对于多页文件，也可以将内部项目源中的几何图形和数据（即项目浏览器中列出的二维图纸或三维模型）合并到当前打开的图纸或模型中。

在打开或者附加任何原生 CAD 文件时，会生成与原文件同名的 .nwc 格式的缓存文件，该文件具有压缩文件大小的功能。

（3）特有的 .nwf 文件格式

将整合的模型文件保存为 .nwf 格式的文件，该类型文件不包含任何的模型几何图形，只包含指针，可用于返回并打开在 Navisworks 中对模型进行任何操作时附加的原始文件。随后打开 NWF 时将会重新打开每个文件，并且检查自上次转换以来是否已修改

CAD 文件。如果已修改 CAD 文件，则将重新读取并重新缓存此文件。如果尚未修改 CAD 文件，则将使用缓存文件，从而加快载入进程。

6.2.2　三维模型的实时漫游及审阅

目前大量的 3D 软件实现的是路径漫游，而无法实现实时漫游。Navisworks 软件可以利用先进的导航工具（漫游、环视、缩放、平移、动态观察、飞行等）生成逼真的项目视图，轻松地对一个超大模型进行平滑的漫游，实时地分析集成的项目模型，为三维校审提供了最佳的支持。

Navisworks 软件平台还提供了剖分、标记和注释的功能。使用剖分功能在三维空间中创建模型的横截面，从而可以查看模型的内部或者某视点的细部图。使用标记或者注释的功能，可以将注释添加到视点、视点动画、选择集和搜索集、碰撞结果以及"TimeLiner"任务中，将模型审阅过程中发现的问题标记出来，以供设计人员讨论或修改。

6.2.3　创建真实照片级视觉效果

Navisworks 提供 Presenter 插件来渲染模型，从而创建真实照片级的视觉效果。Presenter 包含了上千种真实世界中的材质为模型渲染，也提供各式各样的背景效果图、工程真实的背景环境，同时还允许在模型上添加纹理。Presenter 也提供了一个由现实世界中的各种光源组成的光源库，用户可以将合适的光源应用在场景中，增强三维场景的真实感。

6.2.4　4D 模拟和动画

4D 模拟是将三维模型与时间相关联得到的模型。在 4D 环境中对施工进度和施工过程进行仿真，用户可以以可视化的方式交流和分析项目活动。Navisworks 允许制订计划和实际进度，通过四维模拟形象直观地显示计划进度与实际项目进度之间的偏差。通过 4D 模拟对不同的施工方案进行直接查看比较，从而选择较适合的施工方案。

利用该软件的动画功能可以创建动画供碰撞和冲突检测用。还可以通过脚本将动画链接到特定事件或 4D 模拟的任务，进而优化施工规划流程。如，利用动画与 4D 动态模拟的结合，可以展示施工现场车辆或者施工机械的工作情况，也可以演示工厂中机械组件、机器或生产线的情况。

6.2.5　碰撞校审

传统的工程项目各参与方之间分工清晰，而合作模糊。各专业的设计成果看起来很完美，然而整合之后会有很多碰撞和冲突之处。Autodesk Navisworks Manage 软件的碰撞和冲突检测功能允许用户对特定的几何图形进行冲突检测，并可将冲突检测结果与 4D 模拟和动画相关联，以此分析空间中的碰撞和时间上冲突问题，减少延误和返工。

6.2.6　数据库链接

Navisworks 提供链接外部数据库的功能，在场景中的对象与数据库表中的字段之间创建链接，从而把空间实体图形与其属性一一对应。在获得相关物体逼真全貌外的同时，还能通过数据检索轻松地获得相应的属性信息。

6.2.7　模型发布

Navisworks 特有的 NWD 格式的文件包含项目所有的几何图形、链接的数据库以及在 Navisworks 中对模型执行的所有操作，是一个完整的数据集。NWD 是一种高度压缩的文件，可以通过密码保护功能确保其安全及完整性，并且可以用一个免费的浏览软件进行查看。

6.3　Navisworks 功能实现框架

6.3.1　Navisworks 中信息的数据结构形式

（1）Navisworks 中三维模型对象

由于 Navisworks 软件支持几乎所有的三维设计软件（如常用的 AutoCAD、3D Max、Civil 3D 等）所生成的模型文件格式，因此 Navisworks 可以打开并浏览设计人员绘制的模型文件（包括其中的点、线、面、实体、块等对象），同时在原路径下保存为 Navisworks 所特有的与源文件同名的 NWC 格式的缓存文件，其中的 CAD 对象属性不变。

（2）Navisworks 链接的施工进度数据

进行工程施工过程的四维模拟时，需要链接施工进度数据。Navisworks 支持多种进度安排软件，如 Primavera Project Management、Microsoft Project MPX、Primavera P6（Web 服务）、Primavera P6 V7（Web 服务）及 CSV 文件（Excel 的一种文件存储格式）。此外，Navisworks 支持多个使用 COM 接口的外部进度源，可以根据需要开发对新进度软件的支持，如 Microsoft Project 2003、Microsoft Project 2007 等进度软件。

（3）Navisworks 中模型的属性数据

Navisworks 软件利用外部数据库存储模型的属性数据。Navisworks 支持具有合适 ODBC 驱动程序的任何数据库，如 *.dbf、*.mdb、*.accdb 数据库，但是模型中对象的特性必须包含数据库中数据的唯一标识符，才能完成工程的三维模型与其属性信息的一一对应。例如对于基于 AutoCAD 的文件，可以使用实体句柄。

6.3.2　Navisworks 中信息的组织形式

施工系统仿真不仅涉及施工场地（地形）、环境、建筑物布置等具有地理位置特征的静态空间信息，而且还必须反映地形动态填挖、建筑物施工等大量的动态空间逻辑关系和统计信息。Navisworks 特有的时间进度数据的导入及外部数据库链接的功能，为反映工程施工过程仿真所展示的具有时间、空间特性的数据信息提供了条件。它将三维数字模型与其特性信息通过唯一的标识符连接起来，并且将三维模型与其时间参数按照一定的规则链接，使得组成三维数字模型的每一个图形单元与该单元的时间参数及属性建立一一对应关系，从而为仿真系统数字模型的建立及仿真信息的直观表达提供了条件。

6.4　Navisworks 的开发功能

Navisworks 提供 API（应用程序接口）。最大限度地扩大对 Navisworks 进行开发定制的可能，从而减少创造性使用时软件的约束。国内越来越多的开发者对 Navisworks 有极大的兴趣，一些国外的开发商也开始投入 API。API 应用程序接口的功能主要有：

① 将设计模型的交互式版本放在网站上，既便于访问模型也有助于增强他人对设计的理解。

② 将模型与外部数据库相关联，可调出与 Navisworks 中所选对象相关的外部信息。从而，用户可以利用模型直观、便捷地访问设计、建造和运营信息。

③ 自动将最新设计图纸集编入 Navisworks 模型并生成冲突报告，从而提升工作效率。

④ 将一个交互式的三维窗口嵌入用户自己的应用系统，便于用户探索设计，将快照输出到图片文件中或将视点存回 Navisworks，从而将 Navisworks 三维界面用作直观的 GUI 组件。

⑤ 输出模型中所有全部图纸的 HTML 报告，其中包括所有红线、冲突报告和标注的图像，从而可以生成定制的输出报告，更好地满足设计要求。

6.4.1　基于 COM 开发

（1）COM 基本概念

COM（component object model）是一种以组件为发布单元的对象模型，COM 组件是遵循 COM 规范编写、以 Win32 动态链接库（DLL）或可执行文件（EXE）形式发布的可执行二进制代码，能够满足对组件架构的所有需求。如同结构化编程及面向对象编程一样，COM 也是一种编程方法、软件开发技术。

COM 技术本身也是基于面向对象编程思想的。在 COM 规范中，对象和接口是其核心部分。对于 COM 来讲，接口是包含了一组函数的数据结构，通过这组数据结构，客户程序可以调用组件对象的功能。COM 对象被精确地封装起来，一般用动态数据库（DLL）来实现，接口是访问对象的唯一途径。

① COM 对象

虽然，接口是 COM 程序与组件交互的唯一途径，然而客户程序与 COM 组件程序间交互的实体却是对象。与 C++ 中对象类似，COM 对象是类的实例，类则是经过封装的一种数据结构。同 C++中源代码级基础上的对象不同的是，COM 对象是二进制基础上的对象，具有语言无关性；C++对象的使用者可以直接访问对象数据，而 COM 完全将数据隐藏，客户程序只能通过接口来访问对象；C++通过继承、子类可以调用父类非私有成员的函数，而 COM 对象通过包容聚合的方式可以完全使用另一个 COM 对象的功能，并且这种重用是跨语言的。

COM 对象由一个 128 位的随机数 GUID（globally unique identifier）来标识，被称作 CLSID（class identifer）。由于 GUID 由系统随机生成，重复率极低，在概率上保证了其唯一性。

② COM 接口

接口是包含函数指针数组的内存结构，而每一个数组元素包含一个由组件实现的函数地址。接口也是一组逻辑上相关的函数集合，内部的函数成为接口函数成员，客户程序使用一个指向接口函数结构的指针调用接口成员函数，即接口指针指向另一个指针 pVtable。一般，接口函数名称常以"I"为前缀。类似于 COM 对象，接口也使用 128 位的 GUID 来唯一标识。

③ COM 接口与对象的联系

接口类只是一种描述，而不提供具体的实现过程。COM 对象实现接口，必须以某种方式将自身与接口类连接，然后将接口类的指针传递给客户程序，进而允许客户程序调用对象的接口功能。

（2）Navisworks COM API

对于 Navisworks 来讲，2010 版本之前的软件使用基于 COM 的开发方式。COM 接口相对简单，能够用多种编程语言编写代码，例如 C，C++，Visual Basic，Visual Basic Script（VBS），JAVA，Delphi，编写的组件之间是相互独立的，修改时并不影响其他组件。

COM API 支持大部分和 Navisworks 产品等价的功能，如操作文档（新建、打开、保存、关闭等）、切换漫游模式、运行动画、设置视点、制作选择集等基本功能。除此以外，可以实现：①将模型对象与外部 Excel 电子表格及 Access 数据库链接，从而可以在软件窗口的对象特性区域显示对象的特性；②将模型进度与 Microsoft Project 链接，设置项目的时间进度来覆盖原进度；③扫描冲突检测结果并且将其存入 html 格式的文件中，包括某些可观测模型冲突的视点的图像；④集成 Navisworks 中的 ActiveX 控件的应用，扫描视窗中的对象模型，筛选查询对象信息。

6.4.2 基于 .NET 开发

（1）.NET 基本概念

Microsoft.NET 以 .NET 框架（.NET Framework）为开发框架。.NET 框架是创建、部署和运行 Web 服务及其他应用程序的环境，实现了语言开发、代码编译、组件配置、程序运行、对象交互等不同层面的功能。.NET Framework 支持的开发语言有 Visual C♯.NET、Visual Basie.NET、C++托管扩展及 VisualJ♯.NET。

.NET 框架的主要组成部分是：Common Language Runtime（CLR，通用语言运行时）以及公用层次类库。

① Common Language Runtime

CLR 是 . NET 框架构建的基础，是实现 . NET 跨平台、跨语言、代码安全等特性的关键，并且它为多种开发语言提供一种统一的运行环境，使得跨语言交互组件和应用程序的设计更加简单。在程序运行过程中，CLR 为其提供了如语言集成、强制安全及内存、进程、线程管理的服务，简化了代码和应用程序的开发，同时提高应用程序的可靠性。

基于 CLR 开发的代码称为受控代码，其运行步骤如下：首先使用 CLR 支持的一种编程语言编写源代码；然后使用针对 CLR 的编译器生成独立的 Microsoft 中间语言（Microsoft Intermediate Language，MIL），并同时生成运行需要的元数据；代码运行时使用即时编译器（Just In Time Compiler）生成相应的机器代码来执行。

② 公用层次类库

公用层次类库是 . NET 框架为开发者提供统一的、层次化的、面向对象的、可扩展的一组类库，为开发者提供了几乎所有应用程序都需要的公共代码。. NET Framework 类库通过名称空间组织起来，使用一种层次化的命名方法，其根或顶级名称空间是"System"，在它之下按照功能区的分级制度进行排列。. NET Framework 类库既包括抽象的基类，也包括由基类派生出的、有实际功能的类。这些类遵循单一有序的分级组织提供了一个强大的功能集——从文件系统到对 XML 功能的网络访问的每一样功能。底层基础类具有以下功能：网络访问（System. Net）、文本处理（System. Text）、存储列表和其他数据集（System. Collections）等功能。基础类之上是比较复杂的类，如数据访问（System. Data），它包括 ADO. NET 和 XML 处理（System. XML）等。顶层是用户接口库。Windows 表单和 Drawing 库（System. windows 和 System. Drawing）提供了封装后的 Windows 用户接口。web 包含用于建立包括 WebServices 和 web 表单用户接口类的 ASP. NET 应用程序的类库。

（2）Navisworks. NET API

在 2011 版本之后，Navisworks 软件支持 . NET API 开发。. NET API 遵循 Microsoft. NET 框架准则，并在现实应用中逐渐替换 COM API，成为 Navisworks 主要的开发工具。对于 Navisworks 来说，使用 . NET API 有很多优势，①为 Navisworks 模型的程序访问方式开辟了更多的编程环境；②大大简化了 Navisworks 与其他 Windows 应用程序（如 Microsoft Excel、Word 等）的集成；③. NET Framework 同时允许在 32 位和 64 位操作系统使用；④允许使用低级的编程环境来访问较高级的编程接口，例如使用 VS 2008 编写的插件同样可以在 VS. NET 2003 环境下使用。

. NET API 可以调用 COM API。虽然 . NET API 较 COM API 有诸多优势，然而 . NET API 仍属于探索发展时期，有些功能仍无法实现。开发者应查看 COM API 是否可以实现该功能，通过 COM API 实现该功能后，用 . NET API 调用。

6. 4. 3　基于 NWCreate 开发

Navisworks 软件还提供了一种独特的开发方式——NWCreate 开发。NWCreate API 可以通过 stdcall C 或 C++接口访问。C++为首选语言，但是用户也可以使用支持 stdcall 接口的任何语言，其中包括 Visual Basic 和 C♯（借助 P/Invoke）。

NWCreate 可实现的功能主要有：①创建自定义的场景和模型；②加载自定义的文件格式，即对于专有的三维文件格式或者 Navisworks 当前不支持的其他任何格式，用户可以使用 NWCreate 编写用于 Navisworks 的专有文件阅读器，或者创建在其使用的软件中运行的文件导出器。

6.4.4　Navisworks API 组件

Navisworks API 提供的用于访问 Navisworks 的组件主要有三种：

（1）插件

即用户使用编程语言制作一个插件，然后存储在 Navisworks 软件的安装包下使其成为软件的一部分。API 中插件的性能很强大，功能很丰富。新增的插件扩展了 Navisworks 自身的功能，帮助用户充分利用软件中交互式的三维设计来访问模型、查询模型信息。这类组件的主要功能是添加自定义的导出器、工具、特性等。

（2）自动化程序

帮助用户自如使用 Navisworks 中常用的功能，实现软件的自动化。其主要功能有：打开和保存模型、查看动画、应用材质及进行冲突检测等。

（3）基于控件的应用程序 ActiveX

ActiveX 组件允许将 Navisworks 的三维功能嵌入到用户自己的应用程序或网页中，从而可以设计出自己的项目管理平台，享用强大的三维演示和交互功能。

6.5　Navisworks 的可视化功能

Navisworks 软件可以对 BIM 工程项目三维模型进行整合，不需要先进的硬件配置以及预编程的动画就可以实现工程项目的实时可视化，并且可以进行实时动态漫游，探索 BIM 模型中所有建筑信息。另外，可以使用户在创建图像与动画时更加轻松，将建筑信息模型与项目进度表动态链接，直接生成施工过程的可视化仿真动画。

Navisworks 软件提供二次开发的应用程序编程接口 API，功能强大，开发过程简单，用户可以使用 API 根据自己的目的扩展软件功能，从而实现模型和仿真信息的可视化和分析，为使用 Navisworks 软件建立可视化仿真系统提供方便。

6.5.1　Navisworks 可视化设计方案

施工可视化即根据施工图纸及现场各项施工方案通过建模软件进行模型的创建，并对各环节工序定义不同施工时间，在施工前将各方案在软件中进行三维动态虚拟建造。施工可视化设计方案如图 6-1。

在工程项目施工之前，利用 BIM 技术完成三维动态虚拟建造，不仅可以使工程项目有合理的施工顺序、单位工程施工起点和流向以及良好的施工工艺方法及相关技术组织措施等，还可以利用施工可视化结果直观进行人工、材料、机械的配置，从而避免在正式施工中发现问题才去解决，减少了工期延误及施工成本的增加等问题。

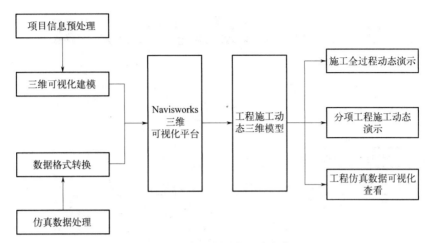

图 6-1　施工可视化设计方案

6.5.2　Navisworks 可视化功能实现过程

在建筑信息模型中，工程项目建筑全生命周期内的整个运行过程都是可视化的。施工可视化的结果不仅可以生成三维效果图以及材料报表，还可以通过模拟的三维立体模型实现项目在设计、建造、运营等整个建设过程的可视化，从而使项目各参与方更方便地进行沟通、讨论，并且提高了决策效率。

首先将 Revit 系列软件构建的 BIM 模型导出 NWC 格式，建立基于 BIM 技术的施工可视化分析模型，然后利用 Navisworks 软件中的 Timeliner 功能将三维模型与施工进度进行关联，达到工程项目整个施工过程可视化的目的，从而指导实际工程施工，使基于BIM 技术的施工可视化在施工企业中得到广泛应用。

在 BIM 模型中创建任务，利用 Navisworks Manage 软件中的 Timeliner 功能实现建筑信息模型与施工进度的关联，实现施工可视化。具体过程如下：

（1）创建任务

在 Timeliner 命令中创建任务的方法有三种：①采用一次一个任务的手动创建方法；②基于"选择树"的方法，根据搜索集或者选择集中的对象结构自动创建；③基于数据源的方法，根据添加到 TimeLiner 命令中的数据源自动创建。另外，自动创建任务与手动创建任务不同，在自动任务创建后应立即附加相应的建筑对象。下面以第一种方法为例介绍创建任务的方法。

①直接手动添加任务。点击 Navisworks 软件中的"TimeLiner"功能，然后点击"任务"中的"添加任务"按键，如图 6-2 所示。

②输入新创建任务的名称，并输入计划开始时间和计划结束时间，如图 6-3 所示。

③选择相应的建筑对象或者建筑集合，并选择"附加当前选择"方式将其附着在创建的任务中，如图 6-4 所示。

④确定任务的类型：构造（任务类型主要包括：构造、拆除、临时），如图 6-5所示。

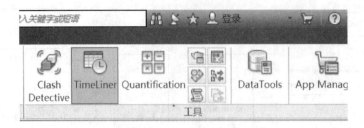

图 6-2　添加任务命令

图 6-3　输入任务参数

图 6-4　附加当前选择命令

图 6-5　确定任务类型

⑤ 根据甘特图视图，调整任务计划时间，如图 6-6 所示。

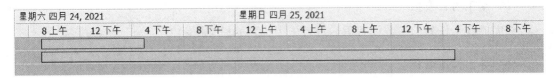

图 6-6　调整任务计划时间

⑥ 注意查看任务状态，根据计划开始、计划结束时间与实际开始、实际结束时间相对比显示不同的状态（早开始、早完成、晚开始，晚完成等），如图 6-7 所示。

图 6-7　查看任务状态

（2）调整任务的属性选项

在进行施工模拟之前，在 TimeLiner 命令中，应调整任务的属性选项。首先定义列集合：基本、标准、扩展、自定义等；其次根据创建任务附着的建筑对象或者建筑集合等选项，定义命名规则；然后定义过滤条件；最后建立 Animator 动画相关联，并设置脚本、动画以及动画行为等动画选项。

工程项目的施工动画在任务期间有三种播放方式：①缩放，动画持续时间与任务工作持续时间相匹配，这是软件默认的播放方式。②匹配开始，在任务开始时，动画随之开始，但是如果 TimeLiner 模拟过程结束时动画的运行还没有结束，则超过 TimeLiner 模拟过程的动画将被截断。③匹配结束，动画与 TimeLiner 的模拟任务同时结束，但是如果动画开始的时间早于 TimeLiner 模拟的开始时间，为了满足动画能够与任务同时结束的要求，则在 TimeLiner 模拟任务之前的动画将被截断。

（3）调整甘特图的属性

在调整任务的属性之后，应对甘特图的属性进行调整，包括是否显示甘特图、显示日期（计划、实际、计划与实际）、显示范围的缩放。

（4）配置参数

在进行工程项目的施工模拟之前，首先对每一个施工任务设置开始时间、结束时间、视图、文本的属性定义、动画链接等配置参数；然后设置施工任务的类型，可以与 Revit 项目中的阶段一一对应；最后，定义施工任务相应状态的外观，主要是开始外观、结束外观、提前外观、延迟外观、模拟开始外观等。

（5）施工仿真模拟

在完成施工任务的参数设置后，进行施工仿真的模拟演示。

（6）导出模拟过程

在施工仿真模拟结束之后，将得到的结果导出模拟动画。对于导出的施工模拟动画，可以设置其输出格式、源、尺寸、渲染方式、帧率等相关参数。

6.6　Navisworks 施工可视化应用

通过应用 BIM 技术，将 3D 建筑信息模型的可视化功能与时间维度相关联构建施工可视化分析模型，实现工程项目的施工可视化模拟以及施工交底，从而在施工之前发现工程的重难点施工部位并及时制订应对措施。另外，在国家规范以及场地特点的基础上，利用 BIM 施工可视化技术制订详细的施工方案，并将其模型化、动漫化，可以使评标专家以及工程项目各参与方对施工方案的各种问题和情况了如指掌。

Navisworks 施工可视化分析模型将项目管理者的注意力从突发"意外事件"上拉回到整个施工管理过程中，使项目管理者从全局的角度对施工管理过程进行规划和控制，并把握施工过程中各活动间的相互作用和影响，实现集成化管理，确保工程施工的工期、质量、成本受到有效的控制。

工程项目随着时间而高度动态变化，它在施工过程中存在着较大的不确定性。将现场施工方案的施工计划与 BIM 技术构建的建筑信息模型相结合，实现在施工之前对施工方案进行模拟，直观描述各项施工方案，从而可以发现各项施工方案中存在的问题并及时做出应对。另外，在满足施工标准以及施工要求的基础上，通过模拟不同的施工方案并进行分析和比较，选择最优方案，这样就进一步保证了工程质量，也为安全文明施工提供了保证。基于 Navisworks 的施工可视化技术在工程项目中的应用非常广泛，在此仅对其主要应用作具体介绍。

6.6.1　图纸三维可视化审查

在传统的二维施工图纸审查过程中，需要分别对建筑、结构、暖通、给排水、电气、消防等各个专业的平面图、剖面图、立面图等图纸逐一审查，工作量极大。另外，由于各个专业之间交流困难，使得审查工作不够全面、准确，导致在项目施工阶段还会出现各种问题，进行返工，严重降低了施工效率。

利用 Navisworks 可视化的工作平台，以构件的三维模型代替二维施工图中的线条、标注、文字说明等表达方式。在 BIM 模型中可以直观地观察项目内部问题，不需要再对多张二维图纸进行审查，减少了审查的工作量，并且可以很容易地找到设计中存在的问题，降低了图纸审查的难度。另外，利用 BIM 可视化技术在查找到问题后，使各个专业更容易相互配合进行修改，有效避免了传统二维施工图审查中因交流困难而导致修改不完善的问题，提高了图纸审查的质量和效率。

6.6.2　施工进度计划分析

传统工程项目施工进度管理的方法常见的主要是横道图。这种方法以表格、图纸的方式进行表达，简单明了、容易掌握，便于检查和计算工程项目的资源需求状况，但依然存在一定的局限性，主要表现在以下方面：

（1）利用表格、图纸表达项目各个阶段的施工进度计划，不能准确地反映出各个工作之间的逻辑关系，导致施工计划前后不合理；

（2）不能反映施工计划中的关键性工作，使得施工方在施工计划中不具有侧重点；

（3）当工程项目发生变更以及施工过程中出现意外状况时，传统横道图方式制订的施工进度计划不能随之改变，只能对其进行修改，甚至重新制订施工进度计划；

（4）传统的施工进度计划，不能利用现代计算机技术对其进行优化，使得在选择最优施工进度方案时增加了工作量。

相比传统的横道图，利用基于 BIM 的施工可视化技术进行施工模拟不仅可以在工程项目施工之前发现问题，还可以帮助项目各参与方分析和解决问题。

利用 3D 建筑信息模型与 Navisworks 施工进度计划相链接进行施工模拟，可针对不同的施工计划进行分析和比较，从而选择最优方案；同时，在分析施工方案中质量偏差以及进度拖延等施工问题的根本原因时更加方便，从而及时采取相应的解决方案。

另外，在工程项目施工过程中，业主或设计单位经常会因为各种问题而造成项目变更，通过施工可视化技术可以对业主方或设计单位的变更意向进行变更预测，使变更方案对工程后续施工的影响更直观清楚，从而为业主的决策提供支持和依据。

6.6.3　管线综合排布的优化

在传统设计过程中，各个专业之间的设计是相互分开的，并且大部分设计是二维平面设计，缺乏各个工作之间的逻辑关系，对项目进行检查时需要把所有专业整合在一起并想象其三维形态，检查难度较大并且不够全面、准确。在施工过程中，经常会出现建筑结构之间的碰撞、各专业设备管线之间的碰撞以及建筑结构与管线之间的碰撞等问题。

利用 Navisworks 将建筑、结构、给排水、暖通、电气、消防等不同专业间的模型进行整合，可以进行管线综合排布的优化，让项目各参与方提前发现设计的不合理，并及时进行解决，为工程项目的施工提供最优化的模型。主要表现在以下方面：

（1）利用 BIM 技术整合各专业三维模型，然后上传至 Navisworks 软件平台中对其进行碰撞检查，可以自动查找出模型中的碰撞点，使其之间的碰撞可视化，并通过"图片＋文字"描述的形式输出纸质报告。

（2）将 3D 建筑信息模型上传至 BIM 系统中，可以准确观察项目中复杂管线节点的具体构造，生成详细的二维平面图，从而指导后续的施工。

（3）在工程项目施工之前实现 BIM 模型内部漫游，可以直观地观察内部管线的排布与走向，优化管道的布置，从而避免施工过程中遇到的问题，减少返工。

思考题

1. 如何解决 Revit 模型文件导入 Navisworks 中不显示的问题？
2. Navisworks 进行 4D 模拟时需要注意哪些问题？
3. 为了在 Navisworks 中提高图形性能，需要进行哪些基本设置？

第7章 | BIM 管理应用

7.1 设计阶段的 BIM 管理技术

7.1.1 工程设计阶段现状

建筑工程设计阶段属于建筑产品变为现实过程的关键性阶段，建筑工程设计阶段的相关设计成果以及设计效率不仅会决定建筑建设方的意图可不可以被准确且全面地表达，更为重要的在于设计质量与效率将会影响建筑工程建设后续施工工作的顺利开展。

现阶段，建筑工程设计环节中，在设计单位承接了建设单位所委托的建筑工程项目设计任务之后，将会组建设计团队，然后任命有建筑师资格的建筑设计人员担任建筑工程的项目经理或者是由一些经验相对丰富的建筑职业经理人来担任整个建筑项目的项目经理。具体来说，建筑工程项目经理对内的作用在于与各专业经理明确该项目设计进度，并协调好专业协作问题等，而对外的作用在于与建筑单位或者是政府部门进行有效沟通交流。

当各专业项目任务进行明确分工后，建筑项目设计人员开始自己的设计工作。在BIM 概念日益明确的基础上，"协同设计"概念也被提出，具体来说，现阶段建筑设计环节的专业协作是在协同设计平台上完成的，该协同工作是基于网络信息技术的，属于常规化 CAD 协同。从某种程度上讲，每一个设计单位在运用协同设计平台之前往往会制订出一系列科学化的技术措施与制图标准，提高出图效率，做到施工图的美观化以及准确化。

BIM 具体做法为：当某个建筑项目经理明确项目负责人后，网络管理员将会给予建筑项目经理一个权限，在共享网盘中建立文件夹，包含参与人员姓名与职责等，并保证每个建筑工程项目参与人的文件夹内部数据信息不会被其他人的同名数据所覆盖，保障每位建筑工程设计师自身设计成果的准确性。

（1）从专业化角度出发，建筑设计往往需要三维模型的支持，而且建筑物不是多种构件的随意堆积，构件的信息是非常丰富的。建筑构件不仅仅包含构件几何信息或者是外表装饰信息，而且还会囊括大量构件价格信息、构件材质信息以及构件供应商信息等。这些信息会进一步协助构件维护工作，若发现了构件损坏，则可借助设计环节中的模型查询，进一步明确构件内在信息，并联系项目建造期间供应商所提供的构件价格，或者依据信息购买可用的替代品进行更换。

（2）从协同设计工作出发，传统的设计环节也存在相应的协同设计，即 CAD 下的协同，该协同方式有着非常多的优势，比如借助 CAD 协同能够为施工出图工作提供较大便利，实现"分离式"信息共享等，然而，CAD 协同的缺陷也是非常明显的。例如，设计工作中开展协同设计一般发生在施工图绘制期间，不同专业相互间的最终成果可以随意引用，借助这种形式的引用可以有效发挥 CAD 软件的参照功能。但是，外部参照功能的有效应用是存在一定条件的，那就是，当其被应用到复杂性相对较强以及施工面积大的工程当中时，设计成果若实施某种程度上的改动，专业设计工作人员必须及时寻找并改正已经变动的地方，这种情况就会浪费大量时间。当情况特殊的时候，可能会发生更为严重的问题，那就是专业人员难以直观快速发现所有变动，工作量会大大增加。

（3）传统建筑设计三维可视存在的缺点。设计实践中，各个专业间的相互引用是非常常见的，能够最大限度减少绘制重复率。然而，设计人员在发现本专业图纸外部参照出现变动的时候，难以在最短时间之内就施工图纸间的不协调内容及时修改，并且，这种修改一般情况下很难给设计人员带来直观感受，影响最终设计工作效率。

7.1.2 设计阶段 BIM 管理技术优势

（1）信息的丰富性

现阶段，模型信息细化到构件物理信息、价格信息以及几何信息，甚至能够囊括全寿命周期中的主要信息。因 BIM 技术能够包含建筑物所有构件信息，然后借助数据库形式进行有效储存，所以基于 BIM 的信息统计相对来说是比较容易的，可以为 BIM 在建筑项目管理中的广泛运用提供较大的可能性。将其与传统设计环节中协同平台相比，其可以实现"分离式"数据共享功能，优势突出，使引入 BIM 的模型不仅可以用到建筑项目投标以及建筑施工图绘制中，而且还可以应用到项目后续运营工作中，为项目构件不断更新提供可靠指导。

（2）参数驱动的实时关联

目前，图元间由软件自动创建或者由人工指定的相关关系即为"参数化"。建筑工程建设中 BIM 参数化功能属于 BIM 协调能力以及生产率优势的重要基础条件，从"参数化"的定义当中我们可以看出其在项目设计工作中所发挥的作用：不仅可以体现在任何时间以及任何位置的修改上，而且还可以体现在整个项目协调修改与内部同步上。借助BIM 软件数据关联功能，可以使模型建立后随意指定生成建筑物随意部位的平面、立面以及剖面二维图纸，该二维图纸仅仅需要实施简单化修改就能够成为正式施工图，然后用于指导项目施工工作。借助 BIM 软件自动化生成图纸的功能，可以在一定程度上避免传统设计环节出现的平面、立面与剖面二维图纸不一致现象，将设计师从大量耗时长的施工图绘制工作中解放出来。

（3）可视化功能

从某种程度上讲，建筑工程建设中的 BIM 技术应用不仅能够使建筑设计师们拥有三维可视化工具，而且在设计方法以及设计理念等方面也有了长足发展，可以协助建筑设计师借助三维视野开展工程项目设计。此外，BIM 技术所具有的可视化表达可以促进空间关系解析以及跨专业理解，实现建筑设计的不断优化，在最短时间之内发现设计缺陷，有效简化沟通过程，降低返工率。运用 BIM 技术的可视化功能可以把一些线条式构件通过三维实体图形的方式展示给人们，不管观看者是否有较强的工程背景都能够一看便明了。从构件冲突方面出发，BIM 技术引进设计环节能够实现各专业在相同平台上实施同一构件设计，做好构件碰撞检测工作后，直接将最终的碰撞检测结果进行可视化直观显示，方便设计人员逐个修改。当建筑设计人员在与客户进行沟通交流的时候，BIM 技术能够相对全面地展示出建筑物内部实际空间布局，有助于客户清晰了解建筑项目建成之后的真实效果，减少了设计人员因沟通不畅而做的无用功，提升客户预期满意度。

（4）三维碰撞分析功能

BIM 技术的三维碰撞分析功能有着相对较强的实用性，能够在设计期间找出各专业图纸间出现的碰撞问题，避免建筑施工过程中可能会发生的因构件碰撞而导致的设计变更问题，保证项目可以按照原计划进行施工，减少项目建造工作的人、财以及物的浪费。

（5）基于绿色建筑性能的开放性

在传统设计期间，相关建筑设计人员对建筑方案进行选定的时候，往往会选择一些专业化的分析软件开展日照与采光研究，然后进一步判断运用哪一种方案进行节能设计。凭借 BIM 技术进行节能设计分析的优势主要表现在实际分析期间模型直接利用方面，不需要借助第三方软件就能够完成分析工作。

（6）灾害模拟直观化

在建筑工程设计工作中，借助 BIM 软件与专业化模拟软件的紧密结合，可以较为直观地对灾害情况进行模拟，进一步分析事故原因，最终制订出可以有效防止灾害出现的策略或者是应急方案。如果灾害已经发生，则救援人员可以借助 BIM 模型，就灾害发生情况以及位置进行实时掌握，帮助救援人员针对性制订应对方案，有效寻找最佳路线，快速救灾。

（7）协同功能更为便利

建筑设计工作在参数建模背景下完成 BIM 模型构建，BIM 数据信息就能实现信息共享，进一步保证模型引用信息的同步化，防止重复建模。此外，建筑模型构建完成之后，相关工作人员能够运用模型所具有的链接功能实现不同专业在建模上的结合，之后运用碰撞分析功能快速查找出模型中不协调内容。结合分析结果，工作人员就可以对不协调的地方进行明确定位，快速确定碰撞点，在碰撞点位置进行了及时修改完善之后再开展信息共享，从而保证专业互用一致，实现协同技术与碰撞功能的合理使用。

7.1.3　设计阶段 BIM 管理应用

（1）可视化设计交流技术

可视化设计交流一般是借助直观性相对较强的图像，促进客户之间的有效沟通。一般情况下，运用在建筑设计、建筑施工以及政府审批等参与方中，可以保证设计人员正确理解客户意图，保证设计结果可以更加贴近建筑设计客户需求，确保客户可以及时获得自己期待的直观性设计作品，让审批方可以更加清晰地认识到审批设计作品可不可以满足相应的审批要求。

（2）设计分析

① 结构分析

从传统角度出发，运用计算机手段开展结构分析的过程中，一般需要包括三个步骤，分别是前处理环节、内部分析环节与后处理环节。采用 BIM 模型，当建筑工程实施结构分析处理的时候就能够实现自动化，而且能够在 BIM 软件使用背景下实现构件关联关系的科学转化，我们可以将其向着简化关联关系进行转变，接下来，根据构件属性就是否是结构构件实施合理区分，还可以实现非结构构件的加载。

② 能耗分析

从专业化角度出发，建筑工程建设的节能设计往往通过两个具体途径完成，具体来说，第一个途径主要是大力改善建筑围护结构的隔热性能，并充分发挥室内与室外能量交换作用；第二个途径则是改善建筑取暖效果、照明效果与机电效能，大大降低建筑物的室内能耗。实质上，建筑物节能设计的实质就是室内建筑物相关设备所产生的能耗问题，因此，设计人员应该注重设计工作的能耗系统分析，为了增强能耗分析的专业性以及真实性，可以运用 3D-BIM 模型，进行较为直观准确的分析，例如，可以凭借模型对建筑封闭空间以及隔热性能等情况进行有效分析，在实际设计工作中可以做到有的放矢。

（3）工程协同设计和冲突检查

① 协同设计分析

如果建筑施工期间，每一位设计人员都可以共享同样的 BIM 模型，那么每个人的设计成果就能够在最短时间之内有效反映到专业化 BIM 模型中，保证设计人员可以及时得知其他团队成员的具体设计，这种情况下，不同专业就会逐渐构建共享协同机制，从而避免了因专业不同而出现的沟通障碍，进一步减少了设计冲突或者是不必要的设计矛盾的发生。运用协同设计能够对 2D 背景下的沟通方式进行有效改变，进而对设计流程产生非常重要的影响。通常情况下，工程设计企业还应该为 BIM 协同设计工作提供一个全新的软硬件系统或者是技术性培训，在科学化项目管理方法基础上，降低建筑工程实施初期环节实际设计费用。

此外，不同软件的数据信息共享属于协同设计工作的重要因素。国际协同联盟提出一个设想：不同品牌或功能存在差异性的 BIM 软件可以在兼容数据格式的基础上有效支持相关信息数据的科学共享。现阶段，商业环境发展前提下，因涉及相应的商业效益，不同品牌软件实现该设想并不是简单的事情，相对来说，相同品牌软件数据共享具有相对较强的可靠性。

② 冲突检查

在实际工作过程中，可以把专业上存在较大不同的模型进一步实施集成，使其能够集成为不同的模型，之后再运用相关软件的冲突检查，准确寻找到不同专业构件间的空间冲突。此外，运用软件还可以及时发现可疑的地方，并在第一时间内向操作人员进行报警，经过人工确认冲突。具体来说，设计期间，执行冲突检查工作的时间一般是初步设计后期，随着设计工作的有效开展，必须就设计过程进行反复检查，保证冲突可以得到快速准确的反映，然后对冲突进行修正，最终保证冲突数为零，这种情况下就说明设计工作获得了非常完美的协调性。

现阶段，由于建筑设计专业上的差异性，设计建模也会出现不同，必须要实施分别建模。所以，这种情况下，两个专业相互间就会发生冲突，对于冲突的检查工作将会覆盖专业间冲突关系。

（4）工程设计阶段的造价管理

实质上，建筑项目设计环节的造价管理主要职责在于设计估算以及设计概算，而实际工作中的很多建筑工程往往不重视设计估算以及设计概算，将造价管理重点放置到施工阶段，在一定程度上错失了设计阶段的造价管理时机。采用 BIM 模型实施设计期间的造价管理工作有着相对较强的可操作性。其原因在于，BIM 模型既包括建筑空间以及建筑构件几何数据信息，又包括构件材料所具有的属性，能够将以上所有信息都传递到工程量统一软件当中去。该过程的完成必须要借助 BIM 模型的有效利用，从而及时反映工程造价水平，在一定程度上为限额设计以及价值工程设计优化等的应用提供了坚实基础，使造价管理具有较强的可能性。

（5）工程设计阶段的施工图生成

建筑工程设计成果当中最为重要的内容在于建筑施工设计图，一般情况下施工图中包含了比较丰富的具有技术标注的建筑图纸。借助 CAD 技术应用能够在一定程度上大大提升建筑设计人员在施工图绘制层面的工作效率，然而，传统形式的 CAD 方式在。施工图设计完成之后，若工程的某一个部位出现了设计更新，那么将会对与其相关的多张设计图纸都产生较大影响。实质上，BIM 模型能够较为全面系统地描述出建筑的实际空间情况，还可以建构出 3D 模型，实际生活中我们所说的 2D 设计图纸仅仅是 3D 模型的平行投影。当我们在 BIM 模型下绘制 2D 图纸的时候，大多数情况下生成的就是最为理想的图纸。施工图生成作为 BIM 建模软件关键性功能之一，所发挥的作用是至关重要的。现阶段，BIM 软件表现出来的自动出图功能得到了较为迅猛的发展，但是实际应用期间仍然需要进行某种程度的人工干预，例如，需要就标注信息进行修正，科学化整理图面等。

7.1.4　设计阶段 BIM 管理应用技术手段

（1）协同工作模式

借助 BIM 技术开展协同设计，一般情况下信息数据将始终保持较好的关联性，而且在一致性上也是受到人们广泛认可的，能够增强数据共享的有效性，实现信息的充分利用。因此，这种情况下，协同工作模式在 BIM 模型管理方面的要求是非常严格的，通常要比传统要求高出很多。如果实际工作期间仅仅是借助人工管理来执行工作是不能够顺利完成规定任务的。此时，相关设计单位借助协同平台完成指定工作已经成为大势所趋，同时也是 BIM 技术开发的重点方向。借助 BIM 协同平台能够在相关的 BIM 项目当中进行科学化数据管理，并凭借 BIM 设计相互间的协同，增强数据储存所具有的完整性，进一步实现传递及时与准确。

实质上，从 BIM 协同作用上来看，运用该平台还可以为建筑工程设计、施工与供应商等创造较为舒适的工作环境，从而促进建筑信息的统一性与准确性，提高设计质量。BIM 技术应用中，除了基础性条件之外，还需要借助专业化的模型分级等手段，进一步摸索大量新型工作模式，并制订出系统化的工作流程。

① 建筑项目建设的相关工作人员应该提前实施防火区制订，从而指导其建立合理化的 BIM 模型参数设定等工作。

② 设计初期环节彼此要注重不同专业之间的协商管理，避免实际设计中管线叠加现象的出现。此外，当设计工作已经得到顺利开展的时候，必须就设计期间遇见的碰撞问题实施针对性分析，并制订出合理化解决方案。

③ 就 BIM 协同模式来讲，信息所具有的时效性是非常关键的，必须保证设计团队的最佳沟通，构建强有力的通信机制，增强图纸修改的协调性与统一性。

④ 从 BIM 协同平台内容上进行阐述，我们可以将其分为七项内容：第一，平台内置设计标准以及相关设计流程；第二，设计期间用户管理；第三，针对设计内容的共享管理；第四，加强设计期间的流程管理，包括专业配合以及质量控制等；第五，强化协同平台的多方参与共享管理；第六，交付数据生成以及模型交付管理；第七，项目归档管理以及再利用管理。

（2）工作标准分析

为了在一定程度上顺利执行协同模式，相关工作人员必须制订针对性的工作模板，然后在此基础上，建筑各方会根据当时的设计需求情况对建模软件进行有效选择，并结合设计方法与相关的设计流程开展工作。具体来说，应该科学选择本专业主流化软件，并以核心软件来对待，借助项目需求开展实时性调整与补充。在软件得到实际应用的时候，工作人员还必须就软件数据交换标准进一步分析，特别是要注重软件文件格式的兼容，使其符合规定要求。

借助 BIM，设计单位可以积累较为丰富的构件，然后在加工处理的前提下形成能够再次利用的资源。与此同时，有条件的建筑设计单位还将促进构件资源库的合理开发，保证构件资源能够得到充分开发，使设计成本得到大大下降，增强 BIM 技术价值。

（3）模型分级标准

实际工作中，我们可以将 BIM 设计以及传统形式的设计进行对比，当硬件要求高的时候，如果构件创建较为复杂，则项目模型引入的时候就会出现硬件资源过度占用现象，最终影响设计效率，加大硬件投入。当构件深度不足时，项目精度以及信息含量也会受到严重影响。所以，在实际工作过程中，相关工作人员必须要结合建筑设计工作的不同发展阶段，明确 BIM 模型需求实现构件深度与模型等级的相互吻合。

BIM 模型在实施等级划分的过程中，相关工作人员应该首先从整合模型架构开始处理，明确资源数据、专业模型对象以及族模型对象。等级划分中的资源数据应符合信息描述特征，可以反映出模型对象的关联关系；族模型对象作为建筑工程实施周期不同环节必须用到的必要模型对象，由专业模型资源信息与共性信息两个组成部分构成，能够充分表达出不同模型间的相关属性与实际关联关系。针对专业模型对象，在实际集成工作开展的时候，应该注重模型体系情况的变化，全面构建符合生命周期发展的模型。从资源数据内容出发，应该包含几何信息、成本信息以及材料信息等描述的相关数据。就族模型对象包含内容上来看，往往包含关系元素、共享构件以及属性元素等内容。

BIM 模型在实际深度等级划分上，一般会结合设计专业差异，对等级进行划分，包含建筑类、设备类与结构类，设计单位应结合自身业务，对专业化深度等级实施更为详细化的划分。相关工作人员需要高度重视每个后续等级当中都必须包含前一等级的特征，增强不同模型的逻辑关系。

（4）数据传递方式层面的分析

当建筑信息模型面对不同要求的情况时，相关人员应进行深度分级。实际工作期间，工作人员需结合不同设计环节的不同需求，对建筑信息模型实施有效划分，然后再凭借模型数据的运用，强化各个阶段的信息数据集成，使建筑信息模型能够始终贯穿整个建筑设计过程。此外，在整个建筑施工阶段特别应注重设计环节的数据模型，然后就施工需求模型进行科学化整理，并梳理出应需模型，加强细节完善，增强其延伸性，充分满足施工需求。

7.1.5　设计阶段 BIM 管理应用流程优化

（1）BIM 信息创建

BIM 应用的核心是数据信息，而应用基础则是三维模型。而一般情况下，数据信息是在模型之前出现的，模型又会因数据信息的存在有着非常高的价值。实际工作中，工作人员在建立 BIM 模型前，需要科学创建生命周期范围内的关键性数据，进而建立科学化的价值模型。现阶段，BIM 模型数据信息创建逐渐发展为 BIM 应用期间的重大阻碍。要想从根本上解决这一障碍，往往需要从两个方面进行考虑：第一，从建筑生命周期理论出发，科学制订系统化的解决方案；第二，明确所需要的数据信息应该以怎样的方式进行传递以及组织，使其可以充分满足建筑施工信息共享要求。要想处理好这两个难题，应该具备完善化数据基础以及数据存储前提，实现数据信息的不断优化。

当数据信息基础已经完备的情况下，相关人员必须要加强数据存储与访问，进一步增强 BIM 自身交互性。从 BIM 数据交换工作出发，其交换的领域是非常广泛的，而且还会涉及多个施工环节，关系到多个 BIM 平台，整个交换过程需要严格遵守标准化交换形式，增强 BIM 技术应用的科学性与完整性。

IFC 属于国际范围内唯一一个得到广泛应用的交换标准，同时也是 BIM 数据共享的有效保障，能够为数据组织以及交换方式制订通用化标准。除此之外，IDM 以及 EFD 作为确保 BIM 体系得到顺利运用的关键性技术，能够在一定程度上科学解决交换信息界定与交换信息一致性问题。此外，信息创建优化工作中对于不同设计环节需要运用不同操作措施，然后结合数据信息的不同发展阶段加强组织管理。建筑设计前期规划阶段与设计阶段通常是来自业主需求以及具体化的物理信息，包括场地问题、气候问题以及光照问题等，且构件信息也是需要考虑的关键性问题之一，我们将墙体作为设计案例，往往包括墙体厚度以及墙体功能等多个设计参数。当熟练掌握上述信息之后，进一步加强信息提取以及信息扩展，在建筑设计环节往往更加侧重建筑空间面积情况以及楼层承重情况等，致力于门窗开口位置或设备部署情况。建筑设计期间的深度设计通常是指对上述信息再次完善；建筑设计施工阶段往往关注施工进度的制订、相关的设计变更情况以及设备具体采购问题等信息的获取；发展到运营维护环节的时候，就需要强化空间管理以及人员管理等，做到机械设备的及时维修与养护，将维修人员的工作职责进行明确，对维修任务进行有效管理。实践结果显示，运营维护环节的信息扩展可以达到整个建筑过程的百分之七十左右，相对来说，所占比例是非常高的，而且还会随建筑运营情况的发展而日益增加，建筑设计环节与施工环节产生的信息能够决定工程材料总用量、建筑成本以及后期管理方向等，其中包含的信息价值相对较高。上述全部信息都会在工程进展基础上得到日益积累，形成完整化信息集合，保证工程的顺利完成。

（2）BIM 模型共享

信息模型所具有的有效性通常情况下依赖完善化的数据信息集合。结合功能信息对模型结构与类型等进行明确，之后再根据不同的尺寸设计出最初的三维轮廓，最终在结构信息基础上适当添加组件，并在材质信息确定的条件下对材质进行添加等。从模型几何实体最终数据信息量上来看，其是模型能不能够正常使用的关键性要素。当模型信息量太大的时候，不仅会占用到过多内存，降低计算能力，而且还会造成模拟计算量增加，例如光照条件下对几何平面基础上相关折射数据与反射数据的计算等。经过长时间的测试以及验证，最终结果显示，模型数据量以及模型创建期间所用到的平面相互间是直接关联关系，一方变动，则另一方也会出现变化。

实质上，任何一种软件产品的开发应用都会具有各自的特点，并结合实际情况对信息格式进行特殊化定义。具体来说，Revit 软件的文件以.rvt 格式以及.rat 格式保存，以.nwg 或者是.nwf 作为与 Navisworks 软件的交换格式。Navisworks 属于 BIM 模型的一种转换平台，能够支持的格式大于三十种。在大量数据格式或交换格式中，协同过程显得更加复杂多样，具有非常强的专业性与复杂性。

（3）功能优化模块推广与应用

功能优化属于工程设计工作中相对重要的步骤，其目的在于借助计算机所具有的计算能力，并在标准化工程规范的基础上，凭借计算机解决大量繁杂的设计工作。实际设计工作期间，相关设计人员仅仅需要实施参数设置，并对最终结果实施少量修正，几乎是不需要进行全程参与的，所以说，优化功能的发挥可以有效解放工作人员的劳动力，是一种高质量以及低成本的设计保障。

优化功能模块一般情况下包含五个内容：构件自动布置、管线净高检测、材料用量统计、综合管线碰撞检测以及综合管线智能避让。其中，构件自动布置基础是满足设计参数规范以及建筑模型，进而生成相应的结构构件，与设计工作人员方案生成要求相符合，起到解放生产力的作用。材料快速统计通常被应用到建筑设计以及结构设计工作中，并将三维模型作为核心，然后对其设计用料实施实时检测。对于设计结果优化来说，往往是面向整体设计方案的，致力于问题检测以及问题解决。具体来说，问题检测主要是对设计方案中的相关问题进行检测，例如，碰撞检测主要是用在构件与管线碰撞检测中，其结果需要用检测报表的方式进行提交，以供设计人员参考。

7.2　招投标与合同 BIM 管理技术

7.2.1　工程项目招投标现状

随着科技的发展，市场对建筑的造型、结构、环保、进度、工艺等要求越来越高，招标方要通过工程招投标准确有效地传达项目要求，投标方需要正确理解招标意图并全面展示自己的建造能力，这就需要招投标过程中的信息传导更加直观有效。目前的工程招投标还存在以下不足之处。

(1)　信息传递效率较低

我国目前推行的电子招投标系统在各方面提升了招投标的效率，随着工程建设项目呈现出大型化和复杂化的趋势，二维图纸传递工程信息的效率越来越低，理解图纸的难度越来越大。招标方利用二维图纸无法有效地传递对工程项目的目标和需求，投标方理解二维图纸也需要花费大量时间，而且对工程项目的认识也很容易和招标方产生偏差，不利于工程建设的开展。

(2)　工程量清单编制费时费力

我国目前实行工程量清单计价，在这种模式下，准确、全面的工程量清单才能够保证造价的准确性，从而保证招投标质量。现在的工程项目对时间和质量的要求越来越高，一方面工作量大增，另一方面时间被不断压缩，在招标过程中，工程量清单的编制需要耗费大量时间和精力，工作人员经常超负荷工作，如果不能保证工程量清单的准确性，后续的支付、结算都会受到巨大影响。只有提高了工程量清单的准确性，才能从源头上减少索赔问题。这些关键工作的完成也迫切需要信息化手段来支撑，进一步提高效率，提升准确度。

(3)　招标控制价编制质量难以保证

招标控制价是最高投标限价，投标报价不能超过招标控制价。招标控制价反映的是行业平均水平，是评标的参考依据，是控制项目投资，防止恶性投标的重要手段。但是目前招标控制价的编制存在诸多问题：

① 由于现在项目的体量越来越大，造价人员的工作任务也越来越重，在时间有限的情况下，超负荷工作难以保证工作质量，招标控制价的编制存在着赶工现象，影响招标控制价准确度。

② 建筑市场发展迅速，定额的更新周期完全赶不上市场的变化，影响其参考意义不断下降。

③ 价格信息滞后。一方面，建筑材料和设备价格对市场的反应灵敏，价格波动迅速。另一方面，建筑工程持续时间长，各种建筑材料和机械设备种类繁多，价格信息难以确认。准确及时的市场价格获取难度较大。如果不能获得准确的市场价格信息，招标控制价的准确性就会受到影响。

④ 目前招标控制价只公布总价，仅仅起到限价的作用，一定程度上减弱了招标控制价对评标的指导作用。

由于以上问题的存在，导致招标控制价的编制质量可能存在问题，同时也难以充分发挥招标控制价在招投标中的作用。

（4）评标指标选取不够客观

我国的工程招投标从最低价中标到合理低价中标再到现在综合评标法的应用，体现了业主单位越来越看重施工单位的专业能力和综合实力。为了选取让业主满意的施工单位，评标指标及权重的选取就尤为重要。目前我国评标指标的选取普遍依赖行业经验，缺乏对不同类型项目的细分，导致评标指标的选取可能不够客观、科学。

（5）方案评审难度较大

我国目前的方案评审环节还是以传统二维评审方式为主，这样的评审方式劳动强度大，工作效率低，不能直观看到相关效果，评审过程中需要依赖个人经验，评审效果较差，也无法很好地避免招投标过程中的违法违规问题；评审过程中相关因素的关联性无法保障，评审中彼此割裂，无法联动，如技术方案和相关措施的联系、场地布置等方案的评审等，均需要统筹关注，但是传统的手段在这方面难以达到理想的效果。

（6）围标串标屡禁不止

围标串标是指，投标人恶意竞争，私下串联，一起抬高或压低报价，限制竞争，确保某个投标人中标的行为。围标串标对合法投标的投标人以及招标人都造成了经济上的损害，同时也扰乱了建筑市场秩序。采用围标串标方式获取中标资格的投标单位通常并不会在投标方案中花太多心思，这就会导致即使中标后，施工质量也难以保证，中标结果不能让业主单位满意，使业主和项目遭受巨大损失。

7.2.2　BIM 技术在工程招投标中的优势

在招投标阶段，BIM 技术可以充分发挥一模多用的特点，不仅能够直观反映项目特征，还能够提取项目数据，进行造价计算和数据共享。在招标阶段，业主可以在之前的设计招标中委托设计院提供施工图纸和 BIM 模型，利用 BIM 模型转换成算量模型，一模多用，直接生成工程量清单；得到工程量清单以后，可以将工程量清单导入计价软件，编制招标控制价和招标文件。通过招标文件，将 BIM 模型传递给投标单位；投标方利用 BIM 模型进行 BIM 商务标、技术标的编制并提交，由评标委员会进行 BIM 评标。具体来说，BIM 技术在工程招投标中有以下优势。

（1）信息传递高效、透明

BIM 技术能够三维直观展示项目特性，减少信息传递过程中的误差和错误理解，便于投标单位快速掌握项目情况，加快招投标效率。

（2）一模多用直接导出工程量

BIM 模型不仅能够提供三维效果，还能够一模多用，对模型数据进行提取算量、渲染出图等。工程量清单是招投标编制招标控制价和投标报价的重要依据，工程量计算需要耗费大量的时间和精力。BIM 模型富含了项目的全部信息，包括构件的数量、面积、体积等物理信息。利用 BIM 技术，可以统计模型内所有构件的计量信息，避免了人工计量的误差，大幅提高计算工程量的准确性和效率。

（3）价格信息更可靠

BIM 是一个可以共享目标项目信息的资源平台，其核心富含了项目的全部信息，除了构件的物理信息以外，还包括成本信息等。在招投标阶段，利用 BIM 模型自动计算工程量，生成工程量清单。在 BIM 模型中关联相应的清单定额计价规范、造价主管部门发布的造价信息和取费标准、市场上实时的材料、人工、设备价格，最终通过 BIM 计价软件自动生成招标控制价，使招标控制价的编制更加准确、高效。

（4）评标指标的分类收集

BIM 是富含信息的数据库，在招投标阶段应用 BIM 技术，可以收集存储不同类型的工程项目评价指标，从而生成典型项目的评价指标，并通过对中标单位及业主反馈情况进行收集，不断修正，使指标更加客观，提升业主单位的招标满意度。

（5）可视化评审更加直观

通过 BIM 技术的应用，使投标方案更加直观，技术经济关联性更加友好，在评标过程中，评委可以借助基于 BIM 模型的方案直观进行方案评审，并可以动态准确地对资源投入和现场方案等进行查看，从而使方案评审效率更高，过程更加公开透明。

（6）过程监管更透明

基于 BIM 技术的招投标，BIM 信息库会全程收集、存储招投标信息，通过对这些信息的分类提取，能够直观发现是否存在违法行为，过程监管更加透明化。

7.2.3　BIM 工程招投标的意义

随着 BIM 技术和我国建筑市场的发展，BIM 技术在招投标阶段的应用越来越成为行业发展的必要条件。在招投标管理中使用 BIM 技术的意义主要体现在以下几个方面：

（1）打通设计、施工壁垒

BIM 技术在设计、施工中的应用已经有了一定经验，这为 BIM 技术在其他阶段的应用打下了基础，实现 BIM 技术在全生命周期的应用价值将成为 BIM 发展的最终目标。目前 BIM 技术在工程项目中各阶段的应用过程上存在不够连贯的问题，设计单位、施工单位分别建模进行专业应用，这就导致虽然在设计、施工阶段都应用了 BIM 技术，但是设计单位和施工单位并不能进行有效的信息传导和沟通，而且重复建模也浪费了人力物力。工程招投标作为设计、施工的中间阶段，能够有效地疏通这种信息的闭塞。在招投标阶段招标方可以委托设计单位提供 BIM 模型，并将 BIM 模型作为招标文件的一部分传递给施工单位，施工单位利用设计单位提供的 BIM 模型进行专业应用，更有利于施工、设计的沟通，对 BIM 技术在建筑全生命周期的应用也是有利的。

（2）方案评审越来越重要

我国建筑市场的发展越来越看重工程项目的质量，很多时候业主单位宁愿多花钱也要找真正实力过硬的施工单位，在这种情况下，施工方案的评审就显得越来越重要。传统的方案评审由于技术手段的限制，在有限的评审时间内平面方案难以满足评审的需求，在评审过程中容易出现评委人为因素较大的问题，招投标过程中的方案评审难度也越来越大。而且，随着经济市场的不断繁荣，建筑工程招投标市场越来越注重质量而不是低价。目前财政部已经规定在政府采购领域，"最低价中标"将被取消，在建筑行业招投标中取消"最低价中标"的呼声也日益强烈。方案评审的科学性和重要性的凸显使得 BIM 技术在招投标领域的应用刻不容缓。

（3）优质企业更容易中标

从"最低价中标"的逐步取消可以发现，国内工程招投标市场的需求开始发生变化，从对性价比的追求转向对真正优质、技术方案过硬的施工企业的追求。基于 BIM 技术的工程招投标，利用三维可视化评审的技术优势，给真正优质、技术方案过硬的施工单位更多展示的机会，在评审过程中给予公正的评判，更能够为招标单位挑选出优质的施工单位。

7.2.4　BIM 在工程招标阶段的应用

工程建设项目招标阶段主要内容是招标文件的编制和投标申请人资格审查，而招标文件里的工程量清单和招标控制价的编制是最重要也是最基础的工作，它决定了整个招投标活动管理的质量与效率，与招投标活动能否顺利开展息息相关。招标文件里的工程量清单和招标控制价的传统编制方式不仅编制过程繁琐复杂，工作量大，占用了工程造价技术人员的大量时间与精力，而且在编制过程中总会发生漏项少算的情况，导致计算后的结果与实际工程量有所出入，为招标人提供不了参考价值，这样编制的招标文件也毫无意义。

基于 BIM 技术的应用，招标人可以以设计单位提供 BIM 建筑信息模型为基础，将数据模型导入相关的算量软件，准确、快速以及高效地计算和汇总各个专业的工程量，根据工程项目特征，编制招标文件里的工程量清单。与此同时，结合国家、行业或者市场颁布的相关工程定额，获得招标控制价，为招标单位节省了时间，减少了成本，提高了报价的准确性。

（1）BIM 设计模型导入

基于 BIM 技术进行招投标管理，最重要也是最基础的工作就是建立各专业的 BIM 模型。建立 BIM 模型的方式常用的有三种：

第一种，建立 BIM 模型的方式最常用最基础的是根据工程建设项目各个专业的图纸中提供的构配件数据，直接在 BIM 软件中逐步建立模型；

第二种，BIM 软件可以直接导入电子版 DWG 格式的施工图纸，在导入过程中，会发生数据篡改和丢失的现象，因此操作完成后，仍需要手动补充完善相关数据，建立完整的BIM 模型；

第三种，将已经建好的设计 BIM 建筑信息模型，直接以 GFC 格式导出，然后再导入算量软件中，经过修改和补充完善，构建算量模型，从而大大节约了技术人员不停建模的时间和精力，同时也提高了算量的精确性，减少了很多人为因素带来的错误。

（2） 基于 BIM 技术的工程量计算汇总

基于 BIM 技术建立算量模型，算量软件自动计算汇总工程量，根据工程项目特征，编制出招标文件里的工程量清单，套用当地政府或行业颁布的工程定额，从而得到招标文件最基础也是最重要的招标控制价。应用 BIM 技术不仅大大节约了技术人员建模的时间和精力，同时也提高算量的精确性，减少了很多人为因素带来的错误。

在基于 BIM 技术的工程量计算汇总时，算量软件主要操作步骤如下：

① 基于 BIM 技术建立算量模型。建立 BIM 算量模型主要有两种方式。一方面可以根据招标文件里提供的各个专业的图纸，直接在 BIM 算量软件中建立各个专业的算量模型。如：装修、安装以及结构等工程。另外一种就是将已经达到符合设计标准的设计模型直接导入算量软件，得到算量模型。算量模型可以把工程中各个构配件的几何、物理以及空间等相关的信息以参数化可视化的方式呈现给造价咨询技术人员。

② 输入工程主要参数。根据招标文件里提供的各个专业的图纸，在算量软件建立算量模型过程中，需要输入工程的一些主要参数，比如钢筋的损耗率，绑扎方式以及楼地面的标高数据等。这样才能使计算的工程量更加符合施工过程中实际发生的工程量，具有参考意义。

③ 基于 BIM 技术建立算量模型，算量软件自动计算汇总工程量，根据工程项目特征，编制出招标文件里的工程量清单，再套用当地政府、行业或市场颁布的工程定额，从而得到招标文件最基础也是最重要的招标控制价。把 BIM 技术和工程建设项目招标文件里的工程量清单和招标控制价的编制结合起来，大大减少了造价咨询技术人员的计算时间，这样技术人员才能把更多精力放在后期的招标文件编制以及招标活动开展上。

7.2.5 BIM 在工程投标阶段的应用

（1） 基于 BIM 的施工方案模拟

在 BIM 建筑信息模型中，整个施工过程都是可模拟的，基于 BIM 技术的工程建设项目三维立体数据模型的构建，使项目在投资决策、设计、招投标、施工、竣工运营等各个阶段实施过程可视化，为项目参与者提供一个讨论与决策的共享平台。基于 BIM 技术构建工程建设项目三维立体数据模型，再根据施工进度计划安排，以相关软件为平台，对工程建设项目各个阶段进行施工现场布置，模拟施工状况，同时也可以对施工组织设计进行审查，判断其合理性与经济性，为工程施工过程中的重要施工节点提供技术上的支持与建议。

（2） 基于 BIM 的 4D 进度模拟

基于 BIM 技术的工程建设项目 3D 立体数据模型的构建，加上施工进度计划，构成 BIM 的 4D。基于 BIM 的 4D 进度模拟，可以明确直接地获取每一段时间施工现场的工程量完成情况以及未来短期内的资金和资源供应情况，借助进度模拟，可以对施工现场和施工过程有一个清晰的认识，同时也可以对整个施工现场的技术、资源、进度进行控制与调节，达到节约资源、保证工期、保障质量的目的，从而实现工程效益的增长。在工程建设项目投标阶段，采用基于 BIM 的 4D 进度模拟，可以让招标方对投标人的施工方案里的施工过程以及施工过程中的资源配置计划有一个清晰认识，有利于大大增加投标单位中标的概率。

7.3　成本管理 BIM 技术

7.3.1　传统成本管理方法概述

施工成本控制的方法多种多样，根据控制依据的不同，有以施工成本作为控制依据的，还有以会计核算等作为控制依据的，基于价值工程来展开针对性的成本优化控制，集中控制施工项目成本，此时主要采用的方法就是挣值法，每种方法都有其使用的长处与优势。

成本管理的每个阶段都有对应的管理方法：

(1) 施工前成本管理阶段

施工前的成本管理更加注重针对管理工程中预算的分析和估计，基于此可以直观进行采购环节的成本控制。投标报价所应用的主要方式就是量价分离，对预算中的工程量进行分析可知，通常情况下采用了标书中的工程量清单，其中针对价格的分析和确定不仅要根据实际项目的情况进行分析，同时还要预计到实际项目在运行过程可能存在的风险问题，通常情况下所采用的报价方式为不平衡报价。不平衡报价同时也要在原始报价的基础上进行分析，并且其中的施工建设量也必须在实际工程量的分析之内，通常情况下此类项目会有相对较高的单价，部分项目在标书中工程量要大于实际工程量，一般情况下此类项目会有相对较低的单价，保证中标价格不改变，获取工程款项的时间越早越好。

建设工程物资的采购模式有很多，一般情况下对应业主的自购等，同时建筑材料等的采购主要依据合同来进行。

(2) 施工过程中的成本管理阶段

① 成本预测。在针对项目成本进行分析以及预测的过程中，成本预测在其中扮演着十分重要的角色，比如最开始的投标就尤其关注项目的原始成本资料，对目前的技术经济条件进行全方位的分析，并且在实际情况下针对项目成本进行管理的过程中，还要分析其中存在的成本以及其他费用，并且利用这种方式完成逻辑的分析和判定。除此之外，还需要定量描述其发展趋势。有多种方法可以进行预测，如详细预测方法等。

② 成本计划。总体项目的成本计划一般情况是利用货币的形式编制对应的成本管理方式，并且利用这种方式高效完成针对成本的分析和预测，在目标成本的基础之上，实现成本管理责任制的有效构建，依据目标成本全方位落实项目成本控制，同时工程价款结算也是以目标成本作为基础的。项目计划成本主要涵盖了两个方面的内容，第一个方面就是直接成本计划，第二个方面就是间接成本计划。

③ 成本控制。项目成本控制表现出动态性，多维度采取措施来进行成本控制，通常情况下可以划分为事前、事中以及事后控制。并且从实际施工项目中成本的管理以及计算进行分析可以确定，工程成本核算在其中扮演着至关重要的角色，工程成本核算的实现依赖于企业管理方式以及管理水平，通过工程成本核算，可以有效降低建筑企业的成本开支，同时也有助于企业利润水平的提高。建筑工程中当前阶段主要采用的成本核

算方法是表格以及会计核算法，同时从实际施工成本的管理方式进行分析，不同的场景需求对应的施工成本管理方式也存在很大的差距，在针对岗位成本进行分析的过程中，一般情况下利用表格核算的方式进行成本的核算，两者可以有效结合在一块，从而发挥更好的作用。

④ 成本分析。成本分析可以直观查看项目成本的数据，基于此可以分析成本所呈现出的变化情况，同时也可以分析出现变化的原因，在项目成本分析中，一般情况下有差额计算法等方法可以采用。

⑤ 成本考核。成本考核可以考核项目全部的生产要素，在施工过程中或结束后，考核以及评价各班组的成本管理情况。

(3) 竣工结算成本管理阶段

工程结算必须建立在工程结算书的基础之上，公司完成了审核后，就可以将其提交给业主方，竣工结算方式比较丰富，如预算结算方式等，在所有的方式中应用最为普遍的就是工程量清单结算方式。按照成本管理的方法不同，传统成本管理主要有如下几种：

① 目标成本管理

该方法在目标管理的基础之上有效结合了成本控制，突出成本目标管理、循环和全程管理，保证工程成本目标的达成。

② 成本分析法

该方法基于相关分析等，对项目施工成本进行综合分析，或分析其中存在的人为因素，可以更好地为后续的成本控制提供有效的解决方案以及理论依据。

③ 价值工程

该方法基于功能分析，尽可能降低必需功能的成本，这样就可以实现价值的有效提升。在施工中可以用于对比选择多个方案，在价值分析结果的基础之上，实现对最优方案的确定，最终全方位落实。

④ 挣值法

利用这种方式针对施工项目进行管理的过程中，会将实际的项目施工情况和计划的进度之间相互比较，并且利用这种方式完成施工任务的合理控制，基于此进行项目的进度以及成本管理，有着广泛的应用。

上述成本控制方法的使用必须考虑实际情况，进而更好地管理控制施工成本，达到预期成本目标。

7.3.2　传统成本管理的缺陷

(1) 价格数据量大，计算准确性不足

由于建筑工程本身的复杂性，加上人材机种类多、价格变化大，所以计量计价工作数据量非常大，耗费造价人员大量的时间和精力，计算结果也有待进一步提高。

(2) 计价区域性问题突出，清单和定额模式并存

首先，我国各个地区有自己的清单和定额计价标准，造成造价行业的机构和人员在一个地区的经验和数据积累在其他地区很多不再适用；其次，我国的造价管理模式是定额计价和工程量清单计价共存的局面，很多地方在投标报价中强制采用当地定额，建设单位和施工单位都采用统一的定额,根据主管部门定期不定期公布的造价指导性系数,再进行工程造价调整。再次,以定额计价模式为依据形成的工程造价属于社会平均价格,不能反映参与竞争企业的实际消耗和技术管理水平,限制了企业的公平竞争。

(3) 成本管理过程孤立

工程成本管理过程普遍存在着各阶段独立和被动管理的现象,各阶段的成本信息仅为了满足本阶段业务需求而简单使用,其他项目参与方只是得到最终的结果,其对成本管控的巨大潜力没有得到发挥,但是实际上在成本管理过程中一系列重要数据是可以为项目工期、质量、安全等提供参考,并在整个生命周期中利用的。

(4) 缺乏企业定额,缺少计价依据支撑

大部分的企业并没有建立企业定额和清单数据库,这和宏观环境、企业能力、成本都有关系,缺少计价依据支撑。

(5) 信息化管理手段落后

成本管理的信息化一般都集中在工程量计算和计价两个方面,缺乏成本数据管理的信息化手段,没有实现对历史信息和关键要素的积累、利用和更新的高效管理。

(6) 设计变更带来大量的重复工作

传统的工程成本管理中,设计变更次数多,一旦发生设计变更,需要手动在设计图纸中确定关于设计变更的内容和位置,并进行设计变更所引起的工程量的增减计算。这样的过程不仅耗时长而且结果不可靠。同时,对变更图纸、变更内容等数据的维护工作量也很大,如果没有专门的软件系统辅助,查询非常麻烦。

7.3.3　BIM 技术应用于成本管理的优势

针对传统成本管理中存在的诸多问题,BIM 在施工项目成本管理中的应用价值主要包括以下几点:

(1) 提高成本预决算和成本控制的效率

BIM 的自动化工程量计算为造价工程师带来的价值主要包括以下几个方面:首先,提高了算量工作的效率,为造价工程师节省更多的时间和精力用于更有价值的工作,如造价分析等。其次,基于 BIM 的自动化工程量计算方法比传统的计算方法更加准确,摆脱了人为因素的影响,得到更加客观准确的数据。最后,BIM 可以通过多算对比提高成本管理的高效性和准确性。

(2) 降低计价区域性和清单定额共存带来的不便

在现行体制和政策下,计价区域性和各地计价标准的差异暂时还无法完全避免,不同的省份和地区有自己的指导价格,在当地竞标和预决算时都不得不考虑本区域的计价标准。但是基于 BIM 的计价和成本管理,可以在一定程度上降低这种差异带来的不便。

首先,基于 BIM 的计价软件集成了全国各地的清单和规范数据库,在算量和预算上,省去了造价机构和人员到新的地方后需要熟悉和适应新的计价标准,因为基于 BIM 的成本管理没有手工计价这个过程,是由软件直接完成算量和计价的。其次,基于 BIM 的预算可以共享企业或个人在长期工作中积累的工程数据和经验，逐渐形成企业自己的定额和清单数据库，在投标竞标中形成自身的竞争优势，也从另一个侧面推动了整个行业的发展。

（3）提高成本管理工作的连续性

BIM 模型丰富的参数信息和多维度的业务信息能够辅助不同阶段和不同业务的成本控制。在项目投标过程中，结合项目信息和 BIM 数据库积累的历史造价信息进行成本快速的成本预算和报价。在设计交底和图纸会审阶段，BIM 综合模型可以利用 BIM 的可视化模拟功能，进行各专业碰撞检查，降低设计错误数量，避免了工程实施中可能发生的各类变更，做到了成本的事前控制。在施工过程中，利用 BIM 技术可以快速准确地统计和对比实际成本与计划成本，提高成本管理的信息化水平和管理效率，真正做到实时的成本过程控制。

（4）施工成本数据的积累与共享

BIM 技术支持带有各种设计和施工全部数据的三维模型资料库，并通过统一的模型入口进行调用和分析，实现最大化的信息共享。同时，企业可以建立企业级 BIM 数据库，通过项目和成本数据的积累，为同类工程提供对比指标，形成自己的清单和定额数据库，实现了成本数据的积累与共享。

（5）提高成本管理的信息化水平

BIM 成本信息模型可以看作是一个可视化的项目成本信息库，且这个数据库的信息会随着施工进展和市场变化进行动态调整，当模型数据发生变化时各项目参与方均可获得更新后的数据。

BIM 这种富有时效性的共享数据平台，提高了整个行业的信息化管理水平，改善了沟通方式，打破了各参与方、各项目实施阶段之间的信息壁垒，对提高成本管理水平和管理效率作用巨大。

（6）高效地控制设计变更

利用 BIM 技术，在设计阶段和施工前期对大部分设计缺陷通过碰撞检查、施工方案模拟等予以消除，个别设计缺陷在施工阶段也能更高效地进行设计变更管理。当发生设计变更时，修改模型即可直观地在 BIM 系统中显示变更结果并记录变更的时间、参与人、工程量价变化等信息，为成本对比分析和索赔、竣工结算等提供带有时间信息的数据支持。

7.3.4　成本管理 BIM 技术应用

（1）制订成本管理目标

目标成本管理实施后，可以更好地指导项目成本的过程控制，在事前规划的阶段确定合理的目标，在过程控制的过程中拥有足够的依据，在成本分析的过程中存在着相对应的标准；明确目标成本，有效地分解工作，真正地落实到责任人，对其工作绩效针对性地考核。当前市场竞争中低价竞争越来越普遍，全方位落实目标成本管理，这样就可以进行全员成本管理，有利于把控全局的投入与支出，有利于从制度上保证成本管理在可控范围内，有利于提高企业的市场竞争能力，这对于企业可持续发展有着非常大的帮助。

制订目标成本时，对项目的环境条件等因素进行充分考虑，同时还需要结合该企业的外部条件。在企业目标管理中，目标成本管理作为其至关重要的一部分，全方位落实目标成本管理，这对于企业强化成本核算有着促进作用，全员可以真正地做到成本管理，将成本经济责任制落到实处，全面贯彻成本节约分红制，使得企业上下的成本管理意识得到显著加强，提高成本管理的水平以及效果。基于目标成本可以实施有效成本比较，对成本差异全方位地把握，掌握出现差异的原因，摒除掉成本支出后，将成本管理的焦点聚集在差异比较大的成本项目中。全方位落实目标成本管理，使得企业上下更好地配合。

确定目标成本的方法通常有：

① 选择某一先进成本作为目标成本。它可以为类似项目的成本管理目标，或企业内部最为理想的项目成本水平。

② 充分考虑企业所拥有的历史成本，综合后续所采用的成本降低措施，结合各层面的成本降低任务，在此基础之上展开综合测算，进而得以确定。

③ 先制订项目利润，在合同价中将目标利润去掉，这样就可以获得目标成本。

确定目标成本后进行成本目标可行性分析。主要从实现途径、实现可能性、实现成本三个方面对成本目标的可行性进行论证。

首先从成本目标的实现途径进行论证。即论证实现成本目标的途径或方法是否具备可操作性，实现途径是否适合本项目以及实现途径是否存在外部障碍或合法性，都是成本目标实现途径的论证要求。例如某项目成本目标计划采取 BIM 技术进行成本控制，但是项目部本身缺乏相关专业的人才，即该成本目标实现途径不适合该项目。另外，成本目标实现的途径多样性也是需要论证的重要范畴。同等条件下，能够实现成本目标的途径越多，各个途径之间的可替代性就越强，则目标成本风险就越小。多样性的成本目标实现途径能够保证在突发状况时仍能够实现成本目标。

其次，分析论证成本目标实现的可能性。制订成本目标要考虑目标的可达性，即项目团队能够通过一定程度的努力就能够实现。关键在于确定这个努力程度，一方面能够激发团队的奋斗激情，另一方面是比较切合实际能够实现的。成本目标定得太高，往往团队付出了努力却并不能够达到预定目标，违反了客观规律性，结果往往是挫伤了团队奋斗激情。成本目标定得太低，会使得团队懈于奋斗，长期下去必定会削弱团队的凝聚力和工作能力，并且不符合成本控制的初衷。因此，必须对成本目标确定的可达性进行论证，保证目标是团队通过努力即能够实现的。

最后，需要论证实现成本。成本管理核心就是对不必要的浪费进行控制，实现对成本的有效降低。但是同时也需要注意到进行成本管理本身也是一项需要耗费人力、财力的工作。越先进的成本管理手段则需要越先进的技术支撑，成本相应较高；越严厉、精细度要求越高的成本管理其实现目标的成本也越高。因此，还需要对成本目标实现手段的自身成本进行论证，避免得不偿失情况的发生。

（2）BIM 模型应用性分析

BIM 技术作为一种方法，对于建筑工程成本管理来说，其自身作为一个目的，成本管理的实现正是依赖于 BIM 技术，BIM 技术所追求的就是有效降低成本。在成本管理上特别是在投标阶段，基于 BIM 技术帮助企业实现不平衡报价以及清单核算；而在施工准备阶段，基于 BIM 技术可以制订施工图预算；在施工阶段，基于 BIM 技术可以直观进行消耗量分析，采用 BIM 技术也可以更好进行材料过程管理；在竣工阶段，采用 BIM 技术可以有效避免少算、漏算等情况。整体来看，在成本管理方面，BIM 技术的潜力巨大，所创造的价值以及效益非常高。

上海市建筑施工行业协会经过调查研究后了解到，业主方的项目中，有超过一半的项目均采用了 BIM 技术；67％的施工单位对于 BIM 非常感兴趣，希望未来可以在项目中应用这一技术；超过 72％的单位决定使用 BIM。一部分企业已经采用了 BIM 技术，施工单位将 BIM 技术应用于工程项目中，九成的施工单位认为应用 BIM 是大势所趋，78％的施工单位认为，为了在项目管理方面更进一步，必须要应用 BIM，有 37％施工单位了解到政府出台了相关的政策，32％的施工单位发现其他企业在应用了 BIM 后，取得了非凡的效果。鲁班咨询的调查结果也类似，在施工过程中，将 BIM 应用到施工管理中去，使得施工工期缩短 10％，返工的次数大约可以减少 60％，在所获得的投资回报方面也十分丰厚。未来，BIM 技术将在更多领域得到应用。

如何将 BIM 技术应用于成本管理或如何寻找切入点引进 BIM 技术都是亟须研究的问题。BIM 技术的应用很大程度上促进了成本管理的效率，总体来说可以从如下四个方面作为切入点研究成本管理。

① 成本参数化

成本参数化包括构件信息参数化和资源信息参数化两个方面。构件信息参数化就是将建筑工程中所有的组成元素进行构件拆分并进行编号，分类整理并对其输入参数。例如按照受力不同分为梁构件、板构件、墙构件、柱构件等，然后对梁又按照其截面尺寸、配筋不同进行分类编号。通过建立 BIM 模型使所有的构件都有其独特的构件信息，并将该信息制作成电子二维码贴在构件上，包括构件尺寸、构件材料、构件供应商、构件与周边构件的搭接关系以及操作构件时需要注意的安全事项。构建参数化信息越详细越有利于成本管理，成本管理同时也依赖于详细的构件信息。资源信息化主要是指投入到建筑工程成本管理中的人力资源等资源。BIM3D 技术结合成本管理和进度管理形成的 BIM5D 技术能够将每道工序所需要的劳动力、材料定额用料、机械台班数等添加到构件信息化参数中，使得每一道工序和每一个构件都有详细的成本信息。资源信息越详细越能便于精细化成本管理。

② 深化设计

如今，BIM 的各项功能中，被运用得较多的是漫游动画功能，通过此项功能，能够帮助各个参与方加深对设计意图的理解，如同漫步于真实的建筑模型中。依托于 BIM 技术所拥有的漫游功能，施工单位可以对设计细节全方位地观察，可视化模拟分析关键环节和隐蔽部位，便于施工顺利进行，深化节点，使得业主多样化的使用要求得到有效的满足，BIM 技术可以渲染地质地理环境等，这为施工组织方案的编制奠定了基础。

③ 设计变更管理

签证及设计变更是工程项目成本中非常重要的一部分，及时做好签证管理和变更管理有利于进行有效索赔，从而进行成本创收。应用 BIM 信息平台，可以及时沟通变更信息，并通过修改模型实现变更，施工企业依据平台内设计单位的电子变更单和变更后模型施工并办理签证或索赔，提高了签证办理效率，相比于传统的签证办理形式更快捷，且有据可循，不必担心结算时找不到变更单。

④ 项目动态控制

项目动态控制包括进度动态控制和成本动态控制，进度与成本紧密相关，进度提前通常意味着成本节约。BIM5D 模型包含进度信息和成本信息，定期对进度进行检查，对成本进行核算，并将信息及时更新至 BIM5D 模型中，项目管理者可以随时查看进度和成本信息，从而做出准确决策。

（3）成本检查

① BIM 模型动态跟踪检查

成本管理的核心在于纠偏，而纠偏的前提即是对成本信息进行精确的核查和检查。加强动态成本管理，及时进行成本信息反馈是精细化成本管理的要求。BIM 技术能够在短时间内处理大量的数据信息，包括分类构件的成本汇总、比较、数学分析，但是这依赖于强大的成本信息数据支撑。

施工企业需要制订合理的成本动态跟踪检查制度，安排专门的岗位负责收集汇总成本信息，并及时在 BIM 模型中更新。一般由预算部门按照一个固定的时间间隔对上一时间段发生的成本变化进行统计，这个时间段的确定根据项目的具体情况而不同。如果项目环境稳定且条件比较成熟，成本变化基本上呈稳定态势发展，则成本跟踪检查的周期可适当取长一点，例如一旬或一个月作为一个检查周期；当项目采用了较多的新技术、新工艺或者外部条件不稳定、项目团队缺乏配合默契性等种种问题，项目成本变化一直处于一个较大的变数中，成本变化无规律可循，则成本跟踪检查周期应适当缩短，例如一周甚至一天都可以作为一个检查周期。另外，确定施工成本跟踪检查周期还需要考虑建筑工程项目所处的施工阶段，一般来说基础阶段各种资源消耗量较大，且技术较复杂，可能存在较大的成本风险，成本检查周期应该尽量缩短；而在主体施工阶段，建筑工程成本变化基本保持在比较平稳的水平，成本风险也相应降低，因此成本检查周期应适当延长，以减少成本检查的费用。总之工程项目需要动态进行成本跟踪检查，确定合理的成本检查周期至关重要。

② 动态成本分析

成本跟踪检查的目的是收集成本信息，项目管理人员将成本信息输入 BIM 模型中，与成本计划进行比较分析，模型会自动识别差异信息并输出。管理人员只需要进一步分析产生差异的原因，由于输入信息非常详细，一般可以追溯到具体某一构件或者某一工序。管理人员分析该构件或者该工序成本超支的原因，如果该原因可以避免，如工人误操作或工序衔接不当，可以通过后续改进消除，则成本目标无需调整。如果该原因属于系统性原因或因为客观条件限制无法达到预定的成本目标，则可对成本目标进行适当的调整。

成本分析是成本管理的关键环节，建筑工程较多出现决算超预算等现象。成本分析的目的就是找出实际成本超过计划成本的原因，在项目立项阶段，概算为具体执行的成本，全方位地对比估算成本，项目前期阶段，概算成本也可以被视为计划成本，而预算成本也可以被视为实际执行成本，分析预算超概算的原因。

因此，成本分析也是一个动态循环的过程，上一步的计划成本有可能作为下一阶段的实际成本，不断动态地分析、对比实际与计划之间的差异，能够及时发现成本超支原因，为下一步成本纠偏提供保障基础。

7.4　进度管理 BIM 技术

7.4.1　进度管理的现存问题

伴随进度管理理论和信息化技术的发展，我国工程项目进度管理水平得到不断提高。虽然有详细的进度计划以及网络图、横道图等技术做支撑，但进度滞后、工期延误现象仍会时常出现，对整个项目的经济社会效益产生直接影响。通过对工程项目进度管理的影响因素的认识，分析目前工程项目进度管理中普遍存在的问题，主要表现在以下几个方面：

首先，进度管理影响因素多，管理无法到位。工程建设过程十分复杂，影响进度管理的因素颇多。地理位置、地形地貌等环境因素，劳动力、材料设备、施工机具等资源因素，施工技术因素，道德意识、业务素质、管理能力等人为因素，政治、经济、自然灾害等风险因素都会影响到工程项目的进度管理。多种因素的综合影响，可能导致事前控制不力，应急计划不足，管理无法到位现象发生。

其次，进度计划过于刚性，缺乏灵活性。目前工程项目进度管理中，多采用甘特图、网络图、关键线路法，配合使用 Project、P3 等项目管理软件，进行进度计划的制订和控制。这些计划制订以后，经过相关方审批，直接用于进度控制。现场设计变更及环境变化现象时有发生，若计划过于刚性，调整优化复杂，工作量大，会导致实际进度与计划脱离，计划控制作用失效。

再次，项目参与单位多，组织协调困难。因工程项目的自身特点，需要多方单位共同参与完成。各单位除完成自身团队管理外，还要做好与其他相关方的协调，协调不力，会直接导致工程进度延误。例如，由于协调不力，供应商不能按期、保质、保量地供应材料设备；机械设备使用时间段的争抢与纠纷；施工段划分不合理，流水组织不力；业主单位工程款无法按期支付等等，承包商未能及时解决，都会影响工程进度。

最后，工程进度与质量、成本之间难以平衡。在施工过程中，进度、成本和质量三者相互联系，任何一方的变动，都会导致其他两方的变化。加快进度，就意味着增加成本，影响质量。采取赶工措施必然要增加资源的投入，带来费用的增加。三者之间的平衡直接决定了项目目标的实现。

7.4.2　进度管理 BIM 技术的优势

据 Autodesk 公司的统计，利用 BIM 技术可改善项目产出和团队合作，三维可视化更便于沟通，能够提高企业竞争力，缩短的施工周期，减少各专业的协调时间。可见 BIM 技术的价值是巨大的。具体地说，施工进度管理使用 BIM 技术有以下价值：

（1）基于 BIM 的集成化施工进度管理提供了信息交换的平台，显著增加了参与项目的各方之间的交流和互动，通过施工信息模型可以进行实时信息查询，提升了施工进度管理的效率。

（2）利用 BIM 模型对建筑信息的真实描述特征，进行构件和管线的碰撞检测并优化设计，对施工机械的布置进行合理规划，在施工前尽早发觉设计中存在的矛盾以及施工现场布置的不合理之处，避免"错、缺、漏、碰"和方案变更，提高施工效率和质量。

（3）通过直观真实、动态可视的施工全程模拟和关键环节的施工模拟，可以展示多种施工计划和工艺方案的实操性，择优选择最合适的方案。基于 BIM 的施工安全分析和矛盾分析，有利于提前发现并解决施工现场的安全隐患和碰撞冲突，提升工程的安全等级。

（4）合理计划并精确控制施工进度，动态配置施工资源、合理布置施工场地，保证资源供给和作业空间，可减少或避免进度延误。支持基于施工进度的工程量、资源、成本等信息的即时查询和计算分析，有利于加强管理者对工程实施进度、资源、成本的控制。

（5）施工阶段建立的工程信息模型，可在项目竣工后继续用于运营维护阶段的信息化物业管理，为项目设计阶段、施工阶段和运营维护阶段的数据交流提供了平台，实现了贯穿项目整个生命周期的数据交互。

（6）加快进度，缩短工期。通过 BIM 技术，能够增强团队协作，颠覆传统的项目管理模式，实现动态管理，可通过构件场外预制、材料提前准备来减少施工中的闲置时间，加快了进度，大大缩短工期。

（7）更加精确可靠的项目概预算。基于 BIM 的工程量计算比基于图纸的更准确、简捷，预算也就更加准确、高效。

（8）提高工作效率、节约成本。使用 BIM 技术可显著提高项目各参与方的信息交流和互动合作，使决策可以全局考虑后在很短时间内制订并传达执行，减少了拖延的时间、降低了返工的次数。BIM 技术还支持新兴生产工艺的引入，如场外构件预制、模型作为施工文件等，大大地提高了工作效率、降低了成本。

（9）有利于项目的创新性。采用 BIM 技术可以对传统项目管理体系进行优化，如集成化项目管理体系下，各参与方尽早尽快参与设计，多方参与的模式有利于先进技术与经验的引入、提高项目的可操作性、实现项目的创新与成熟并行。

（10）方便后期管理与维护。利用 BIM 模型在竣工后可作为物业运营与维护的数据库。

7.4.3 进度管理 BIM 技术应用

进度管理 BIM 技术应用思路为在模型三维空间上增加时间维度，形成四维模型，可以用于项目进度管理。四维建筑信息模型的建立是技术在进度管理中核心功能发挥的关键。四维施工进度模拟通过施工过程模拟对施工进度、资源配置以及场地布置进行优化。过程模拟和施工优化结果在可视化平台上动画显示，用户可以观察动画验证并修改模型，对模拟和优化结果进行比选，选择最优方案。

与空间模拟技术结合起来，通过建立基于 BIM 的施工信息模型，将项目包含建筑物信息和施工现场信息的模型与施工进度关联，并与资源配置、质量检测、安全措施、环保措施、现场布置等信息融合在一起，实现了基于 BIM 的施工进度、成本、安全、质量、劳力、机械、材料、设备和现场布置的动态集成管理以及施工过程的可视化模拟。

BIM 平台下的施工模拟技术是在三维建筑信息模型空间上增加时间维度，形成四维模型，使用高性能计算机进行施工过程的模拟。施工模拟技术是按照施工计划对项目施工全过程进行计算机模拟，在模拟的过程中会暴露很多问题，如结构设计、安全措施、场地布局等各种不合理问题，这些问题都会影响实际工程进度，甚至造成大规模窝工。早发现早解决，并在模型中做相应的修改，可以达到缩短工期的目的。

（1）进度管理 BIM 技术应用步骤

建立建筑工程信息模型可以分为三个步骤。首先创建建筑模型；然后建立建筑施工过程模型；最后把建筑模型与过程模型关联。

① 创建建筑模型

系统支持从其他基于标准的模拟系统中直接导入项目的建筑模型，也可以利用系统提供的建模工具直接新建建筑模型。系统一般都会提供创建梁、柱、板、墙、门、窗等经常使用的构件类型的快捷工具，只需输入很少的参数就可以建立相应的构件模块，并且给构件模块赋予相应的位置、尺寸、材质等工程属性的信息，多种模块组合就形成建筑模型。

② 建立施工过程模型

施工过程模型就是进度计划的模拟，通过把建筑结构分为整体工程、单项工程、分部工程、分项工程、分层工程、分段工程等多层节点，并自动生成树状结构。把总体进度计划划分到每一个节点上，即可完成进度计划的创建工作。系统提供了丰富的编辑功能以及基本的施工流程工序模板，只需做少量输入就能够为节点增添施工工序节点，并且在进度信息中添加这些节点的工期以及任务逻辑关系。同时在进度管理软件中设置一些简单的任务逻辑关系，创建进度计划就完成了，这显著提高了工作效率。

③ 建立工程信息模型

在完成模型的建立和进度过程结构的建立后，利用系统提供的链接工具进行节点与工程构件以及工程实体关联操作，通过系统预置的资源模板，能够自动创建建筑工程信息模型。系统提供的工程构件可以依据施工情况定义为各种形式，可以是单个构件，如柱、梁、门、窗等，也可以是多根构件组成的构件组。工程构件保存了构件的全部工程属性，其中有几何信息、物理信息、施工计划以及建造单位等附加信息。

（2）建筑施工数据集成和信息管理

① 施工管理数据库

在施工进度管理系统中，模型数据的记录、分析、管理、访问和维护等操作主要是在施工管理信息数据库中完成的。由于在信息模型中模型实体的数据结构繁琐，有复合数据、连续数据和嵌套数据等。为了实现科学合理地管理这些数据，使模型能够直观、真实地表现工程领域的复杂结构，一般采用将模型对象封装的办法，来提升数据处理能力。在系统中加入面向对象的计算方法，并创建面向对象的工程数据库系统，实现了较高的层次上的数据管理。

② 施工管理信息平台

施工管理信息平台为工程项目管理者提供了一个信息集成环境。为工程各参建方之间实现互联互通、协同合作、共享信息提供了一个公开的应用平台。其功能主要包括两方面，首先是施工管理信息数据的记录与管理。主要内容有：施工管理过程中所有数据的统计、分析，数据之间逻辑关系的建立和调整，产品数据与进度数据的关联等；其次是施工管理数据库的维护。通过该平台提供的信息数据库访问端口，可以对数据库内所有的复杂实体数据进行访问，允许用户根据实体的工程属性信息进行分类搜索、统计查询和批量修改等操作；提供协同施工管理的环境。

③ 数据交换端口

数据交换端口可以提供其他非标准的软件或系统之间数据交换的途径。本系统采用以中性数据文件为基础的数据交换模式，数据交换端口主要用于实现应用系统读写和访问信息模型内基于标准的中性文件。具体地说，在施工进度模型中数据交换端口主要用于与项目进度管理软件进行数据交换。

（3）4D 施工管理系统

4D 施工管理系统为管理者提供了进行项目施工管理的操作界面和工具层。利用此系统，操作人员可以制订施工进度计划、施工现场布置、资源配置，实现对施工进展和施工现场布置的可视化模拟，实现对项目进度、综合资源的动态控制和管理。

① 施工进度管理

系统以工程经常采用的进度管理软件为基础，通过进度管理引擎将重新定义的一系列标准调用端口连接，实现对进度数据的读写和访问。按照该端口的定义，系统建立了与工程进度管理软件的链接，实现了数据交互共享。进度计划管理可以有两种实现方法：第一种是通过进度管理软件的管理界面，对进度计划进行控制和调整。当平台中的进度计划被修改，施工模型也自动调整，使进度计划不仅可以用横道图、网络图等二维平面表示，还可以用三维模型方式动态地呈现出来。另一种是在软件的操作界面中，实现施工模型的动态管理，其主要功能如下：a. 可实时查看任意起止时间、时间段、工程段的施工进度。模型上不同的颜色代表了不同的工作，已完工的用特殊颜色标记。b. 可实时查看图像平台上的任意构件、构件单元或工程段等任意施工对象的施工状态和工程属性信息，如当前工作的计划起始时间、持续时间、施工工艺、承揽单位和任务量等。c. 对施工对象的持续时间和目前施工情况进行修改，系统会根据项目进展自动调整进度数据库，修改进度计划，并即时更新呈现图像。当模型或进度计划发生了改变，系统会自动更新数据，重新进行劳动力、机械、材料等施工资源的计算和调配，资源配置始终与施工进度计划关联，协调时间的同步性，实现了基于进度计划的资源动态管理。

② 施工过程模拟

通过将建筑物的信息模型与施工进度计划关联，以及与人力、机械、材料、设备、成本等相关资源的信息融合，可以建立起施工进度计划与模型之间、与相关资源用量之间的复杂的逻辑关系，并以三维模型的形式直接地呈现出来，完成整个施工建造过程的可视化模拟。在环境中，用户只要指定施工对象并选择显示时间，系统就可以按照施工进度生成当前施工状态的三维图像。动态模拟能够呈现任意施工时间区间、任意时间间隔的工程三维图像，既能够按照时间渐进的顺序进行模拟，又能够按照时间的逆序进行模拟，还可以随时获取工程量以及劳动力、机械、材料等施工资源的信息，实现对整个施工过程的动态监测。

工程量统计可以在建筑工程信息模型的基础上进行计算。利用信息模型统计工程量，可以有效减少数据输入的工作量。工程信息都是按照建筑构件实体的形式分类保存的，每一个单独的构件都存入了其类型、尺寸、位置、材质等重要的几何和物理信息，把这些不同的构件按类别汇总，通过读取构件的几何信息，就能计算出构件的周长、体积、表面积、重量等数学特性，然后就能很轻松地统计出该工程项目的各分部、分项工程的工程量总和。

计算出工程量后，结合国家、地区和企业编制的概预算定额，就可以编制建筑工程项目的概预算。再利用工程项目施工进度信息，就能够得到工程施工过程中成本预算的变化，这可以作为工程项目施工阶段成本管理的参考。

③ 4D 动态资源管理

用户首先对初始资源模板进行定制，建立企业定额标准。然后输入材料种类、劳力、机械、设备以及各种资源的提供商等信息。系统把构件的三维模型与各种资源相关联，最后自动分析任意构件、构件单元或施工段在不同时间阶段内的资源用量，并给出合理配置方案。如果想对资源信息进行更改，只需对资源模板进行修改，就可以自动调整全部关联构件的资源属性。

4D 动态资源管理系统将施工进度、建筑三维模型、资源配置等信息合理地关联在一起，达到了对整个施工中资源的计划、配置、消耗等过程进行动态管理的目的。资源管理的对象包括材料、劳力和机械，通过计算各单位工程、分部工程、分项工程的人力、机械、材料的需求量和折算成本，并将各种资源与构件的三维模型关联，就可以生成任意构件或构件单元在施工阶段内的资源消耗。将资源消耗情况结合施工进度计划就达到了资源的动态管理目的。

④ 4D 施工场地管理

4D 施工管理系统还可以对施工场地进行规划。利用一系列管理工具就可以布置任意施工阶段的场地，包括施工红线、围挡、施工设备、临时建筑、材料仓库、作业场地等设施和设备的规划。

7.5　质量管理 BIM 技术

7.5.1　BIM 技术对生产五要素（4M1E）的影响

（1）BIM 技术对人的影响

人的因素是工程施工质量影响因素中最关键的一个。人的因素主要包括两方面，一方面是客观因素，主要是技术能力的问题，另一方面是主观因素，主要表现为人对质量管理的要求和重视程度。要使 BIM 技术在施工质量管理中起到应有作用，就必须要施工质量管理人员学会使用 BIM 技术相关软件。相对于 BIM 建模来说，BIM 应用还是比较简单的，不管是管理人员还是施工工人，只要进行简单的培训就可以掌握相关的技能操作。BIM 技术相关软件可以对施工过程进行较为清晰的模拟仿真，让施工管理人员熟练掌握施工工艺和质量要求。但真正的关键是所有项目施工管理人员都要建立质量责任意识，充分发挥人在施工质量管理中的主导作用。BIM 技术提高了管理者的工作效率及对施工质量的掌握程度，以往施工管理人员需在现场采集数据，再回办公室整理信息核对，往往在施工现场和办公室之间来回跑，工作效率低。BIM 技术可以使一线作业人员更加直观了解和掌握施工工艺及质量管理要点，避免主观失误。一线作业人员可以通过 BIM 可视化技术交底、施工工艺模拟仿真、施工难点、关键点的可视化、动画漫游等技术手段，对施工作业的环境、作业内容、施工难点、关键点等进行熟悉掌握，提高施工操作水平，并在施工中加强质量管控，避免施工出现质量问题。

（2）BIM 技术对机械设备的影响

通过 BIM 软件建立拟建建筑物 BIM 模型，根据建筑物外部轮廓，并综合分析考虑现场道路、材料堆放、加工以及施工区域划分等因素，进行塔式起重机、施工升降机、物料提升机、钢筋加工设备、混凝土搅拌设备等机械的选型以及选址。

（3）BIM 技术对材料的影响

材料是建设工程项目质量的基础。如果材料不合格，设计标准再高，施工技术再先进，生产出的产品质量还是不可能达到标准。因此，确保材料质量是施工质量管理的关键环节。

首先要做好材料采购工作。通过 BIM 软件提供施工各个阶段需要的材料清单，施工方根据材料供应方的材料质量进行比选采购，并建立材料数据库，按计划、标准、数量进行领取使用，保证材料发放使用规范准确。其次材料进场时根据 BIM 信息库资料认真审核材料的规格、等级、质量标准、保质期等技术参数，确保材料质量达到标准要求。最后在材料使用过程中，根据 BIM 信息库提供的材料等级、质量、尺寸等参数进行加工，并根据可视化技术交底，将材料运至正确施工部位进行施工，确保材料加工、使用正确。

（4）BIM 技术对方法的影响

通过 BIM 技术的应用，建筑施工管理人员可以使用计算机相关技术辅助方法对施工工艺、施工方法、施工技术措施等技术环节进行施工模拟演练，以防止施工过程中出现管理漏洞。通过加强施工技术的控制和分析演练施工工艺流程，可以及时有效地发现工程存在的问题，提高了施工管理的针对性和有效性，确保施工质量和施工进度。通过运用 BIM 技术，可以实时跟踪施工技术相关信息，从而实现项目施工相关的技术参数的动态管理以及维护调整。所以，在工程项目施工阶段，施工单位的技术管理人员需要动态管理施工并有效控制发生的偏差。

（5）BIM 技术对施工环境的影响

建筑施工环境条件包括施工现场自然环境条件，施工作业环境条件，施工质量环境条件。BIM 信息模型通过模拟现实，可以三维直观地反映建筑工地的自然环境和施工作业环境。它可以预先预测自然环境和施工作业环境对质量管理的影响，并提前预防和解决问题。施工现场的三维模拟可以直观地看到拟建建筑、项目部办公区域、居住生活区、现场道路、塔式起重机、材料仓库、材料加工区域等的布局，使施工管理人员可以提前熟悉现场并优化布局。BIM 模型在相关软件的辅助下具有三维动态漫游功能，可以帮助施工人员在建筑的许多水平剖视图中看到此建筑构造的每个细节，模拟施工人员进入施工现场，给人一种身临其境的感觉，并能感受到场地的布局、施工工艺和施工要求。这样使施工管理人员对施工现场的环境更加了解，并提前采取质量预防措施，为提高施工质量提供必要的保护。

7.5.2　基于 BIM 的工程质量管理组织设计

（1）BIM 团队的成立

在一切工作开始之前，针对 BIM 技术的专业性，必须有一支完全独立的 BIM 建设团队。目前 BIM 方面人才稀缺，人员流动性也很大，如何快速组建一个稳定的具有专业化程度的 BIM 团队十分重要。

BIM 应用需要多个专业多个部门协同作业，一般来说，BIM 模型建立是由设计单位的各专业 BIM 人员进行设计，但是在设计过程中，项目信息是不断地添加到模型中去的，施工企业外聘的 BIM 顾问不能始终从项目开始到最后竣工验收都待在现场进行指导，否则会大大提高项目成本。施工企业培养自己的团队，让一线技术人员迅速成长为可操控 BIM 的专业人员，随着 BIM 项目经验不断积累，不仅可以降低项目目标成本，还可以提高企业核心竞争力。

(2) 基于 BIM 的施工质量组织设计

能否真正地实现 BIM 设计，在于管理、组织结构是否合理，人员素质高低等。基于 BIM 的施工质量组织设计，基本解决了以上问题。基于 BIM 的施工质量组织设计采用的组织结构有职能式组织结构、直线式组织结构、矩阵式组织结构等，在此基础上，各参与方的沟通都通过建立的 BIM 模型，信息连续且唯一，解决了信息沟通障碍及流失等问题；项目计划的制订都是根据 BIM 模型进行的，进度和成本等相关部门之间可以根据 BIM 模型相互沟通协调；BIM 的质量控制均依据相关规范和设计要求，并且在管理方面实现标准化。

以上的组织结构设计针对的是施工企业内部的质量组织结构系统，相关部门和人员都必须严格按照 BIM 应用的要求进行质量信息的录入和修改。进行质量控制还有一个关键点，就是加强与各施工参与方的沟通，通过比较传统方式和 BIM 应用后，进行沟通方式的改变，体现 BIM 的优势。

7.5.3　基于 BIM 的质量管理应用过程

对于工程质量管理来说，工程质量主要是由管理系统过程决定的，如果管理系统过程不稳定就会直接影响整个项目施工的合格率问题，甚至人民生命财产安全的问题，所以从工程实践角度来看，在没有 BIM 技术前需要投入大量人力、物力、财力进行管理。而有了 BIM 技术就可以在很多方面节省消耗，所以对于项目质量管理的成效是不一样的，因为项目管理不是一个短期的行为，而是一个长期的、复杂的、系统的过程。所以对于建设项目施工质量管理来说过程非常的重要，主要分为：事前质量控制、过程质量控制和事后质量控制。

(1) 基于 BIM 技术的事前质量控制

基于 BIM 技术的事前质量控制，是指在施工前准备阶段基于 BIM 技术的质量控制。主要体现在设计、施工管理水平上。首先在设计阶段，通过应用 BIM 相关软件建立 BIM 模型并进行图纸会审，将会审出来的问题反馈给各专业再进行深化设计，以此减少设计错误带来的质量问题；其次通过 BIM 碰撞检测软件进行结构、构件、设备之间的碰撞检测，对检查出来的问题进行设计变更，减少因专业间的设计冲突带来的质量问题；再次，通过 BIM 软件对材料进行放样，列出材料清单，加强材料采购、运输、加工等过程的质量管理；最后通过对 BIM 模型的模拟，并结合施工作业条件，对施工组织设计或施工方案进行比选，确定最优的施工组织设计或施工方案，并按确定的施工方案组织施工。

事前控制是质量控制的基础，是实现质量控制目标的前提和保证，是消耗成本最小、综合效益最好的一种方式。工程项目的质量控制应该是主动的，因为我们可以分析出可能会对工程产生质量影响的各种因素，并提前做好预防措施予以控制；而不是被动的，如果是在施工过程中或者施工结束后发现质量问题，势必会对工程项目造成损失。所以做好事前质量控制，在施工前就可以及时发现后期有可能发生的质量问题，消除还在萌芽中的问题，或者提出适当的对策，并提醒一线操作人员施工过程中有可能发生的质量问题，通过这种方式，可以提高施工人员的注意力，确保施工项目的施工质量。

（2）基于 BIM 技术的事中质量控制

基于 BIM 技术的事中质量控制，是指在施工过程中，充分利用 BIM 技术应用手段对工程质量进行控制。如通过建立三维实景模型，比较真实地反映出施工现场及周边环境条件，方便进行施工现场布置和道路交通组织。也可以利用 BIM 相关软件进行施工仿真模拟，让施工人员在施工前首先熟悉和掌握施工内容和施工流程，再利用 BIM 相关软件进行可视化技术交底，让操作人员对施工工艺和施工质量控制要点进行总结掌握，各专业人员严格按照标准要求完成自己的工作，避免操作人员在施工中盲目操作、随意施工而无法保证施工质量。还可以通过 BIM 技术协同管理进行施工进度、施工安全和施工质量的实时监控，查看现场实际情况和设计要求是否存在偏差，以便及时进行整改。

（3）基于 BIM 技术的事后质量控制

基于 BIM 技术的事后质量控制是在施工过程中完善质量控制的重要组成部分。基于 BIM 技术完成的产品的质量控制是独立且适用的。这种事后质量控制实际上是对工作中的不足进行"事后"弥补，并对过程进行必要的总结。

利用 BIM 技术组织进行检查验收，对于不符合标准的仍然要进行整改。一是可以通过三维激光扫描技术对施工的建筑外观进行数据采集，并与 BIM 模型中外观质量要求进行对比分析，检查是否存在偏差，督促整改。二是通过对现场质量验收数据与 BIM 系统中质量要求进行比对检查，所以它需要预先制订好质量标准并输入 BIM 模型系统，并将已完成的工作内容输入系统与质量标准进行对比，从中找出其不足和问题所在，最后提出补救措施，并对问题进行有效的总结。所以从这个角度来看，它也是岗位控制的内容，很好地弥补了当前项目在质量控制中可能存在的不足，并且为未来项目的质量管理积累了信息和经验，起着重要的作用。

7.5.4　质量管理 BIM 技术典型应用

（1）基于 BIM 的图纸会审

施工图是工程的施工依据，施工图纸的质量从根本上决定了施工的质量。施工单位自收到设计单位的施工图纸后，根据设计的初旨，对图纸文件进行全面审核，目的是在项目施工之前发现图纸中的设计错误和问题，随着建设工程日趋复杂，设计周期又普遍偏短，设计师的设计意图和要求越来越难准确无误地通过施工图纸表达，并且很难避免存在错、漏、碰、缺以及表达不清的情况。通过提前会审，进行各方洽谈，及时发现图纸中的问题，对所遇问题进行修改和优化，在施工前对质量问题进行一定的质量控制，及早解决，减少返工，有利于各参与单位特别是施工单位透彻了解设计图纸，深入领会设计初旨，掌握工程的特点和难点，找出有待解决的技术难点并且拟定解决方案，使由于设计缺陷而存在的问题在施工前得到解决。

以往传统的做法是通过图纸会审由各参与方根据各自的专业特点就施工图纸提出问题并讨论，但是这种做法还存在很多缺陷：

① 不能全面解决图纸问题。对于大型复杂的建设工程项目，涉及众多专业，分包参与方众多，很多时候施工图纸会审并不能做到全面，一些细部构件和节点问题往往会被忽略。

② 协同技术落后。图纸问题除了个别专业的设计专业问题，还存在不同专业之间的协同设计问题，如果仅仅依靠个人的三维空间想象能力，只能发现部分平面图上的问题，不能综合地考虑空间结构关系，需要在一个可视化操作平台进行沟通交流。

③ 图纸问题表达不清楚。即使依靠看图者扎实的专业知识和丰富的工作经验可以发现某些复杂的图纸问题，但参与者众多，需要通过口头的或者文字的形式把问题描述出来，并让其他人理解，就算能做到也不能保证效果和效率。

而基于 BIM 技术的各专业模型绘制是利用计算机 BIM 软件进行施工模拟，通过施工模拟的过程，发现一些可能在施工过程中容易疏忽和暴露的问题，提前控制好质量问题。可见融入了 BIM 技术的图纸会审工作会显著提高图纸会审的工作效率。

利用 BIM 技术进行图纸会审，在进行模型创建时，将施工管理人员与设计专业人员意见有效结合，找出一般建设项目通病，提前做好部署，对这些区域做好规划，克服传统质量管理中"干到哪里改到哪里"的缺点，在技术人员和施工人员完成图纸会审工作之后，再次通过 BIM 模型，利用漫游功能，进行复核，提出模型中不符合规范要求的区域，再次协商改善。通过 BIM 的漫游功能，节约了图纸会审工作时间，大大提高了工作效率，使得参与各方沟通更加方便快捷。

（2）基于 BIM 的施工组织设计管理

基于 BIM 的施工组织设计是实现利用 BIM 技术达到质量管理的重要保证。传统的组织设计缺点明显，各个部门的分工不一样，同时造成了沟通的不及时，容易产生施工质量事故，进而造成工期的延误。在 BIM 平台上所有的流程和技术框架都是围绕唯一的 BIM 模型而展开的。基于 BIM 的项目管理流程要求要保证每个参与者、每个分包商、每个部门的信息最终必须上传 BIM 模型，最后由项目的管理层汇总后分享给每个参与方。

（3）专项施工方案模拟

每个项目开工之前都会有相对应的专项施工方案模拟起到对工程的指导作用，合理的专项方案是建设工程项目实施的基础。时代在不断发展，现代建设过程中，常常会使用一些新材料新工艺，技术虽然先进，但是有很多现场施工人员和技术人员不知道该如何使用这些新技术，传统模型下的建设工程项目主要依靠二维图纸以及一些文字来撰写建设工程项目的专项施工方案，很难将新材料和新工艺的使用方法加以说明，技术交底的时候也很难直观展示给技术人员和施工员，他们理解起来十分困难。

利用 BIM 技术对建设工程项目进行专项施工方案编排时，可以加上方案三维模拟演示，针对不同材料、不同工艺，将施工步骤和困难的地方直观表现出来，通过这样的方式，大大强化了施工人员和技术人员的理解程度，使专项施工方案有所成效。

（4）基于 BIM 的碰撞检查与深化设计

传统的碰撞检查利用计算机辅助软件的外部参照将表示不同专业的图层叠在一起通过个人的空间想象能力进行对比排除碰撞危险，此做法虽然也可以解决一些基本问题，但是还有很多不足之处：

① 施工之前的深化设计，只要构件或者管道位置有所改变，则与其相关联的部分就会产生其他问题，不同专业设计人员意见不统一，造成深化过程中有大量问题出现，降低效率浪费时间也难以得到最佳方案。

② 只通过二维图纸进行深化和碰撞检查，对技术人员和设计人员的三维空间想象能力要求非常高。

③ 深化效果没有达到预期要求，施工复杂导致重新返工。

利用 BIM 技术，将传统的二维图纸转化为三维模型，使用 BIM 系列软件检测项目中包括建筑、结构、给排水等专业在空间中的问题，不仅可以在单一专业中检测而且也可以各专业之间相互进行碰撞试验，根据试验结果进行相对应的深化设计。这样就显著提高了各专业设计师之间的沟通效率，解决了大量项目设计不合理的问题。

（5）基于 BIM 的施工现场质量管理

在传统方法中，对于现场的质量管理一般包括施工操作质量监测、工序交接检查、隐蔽工程检测与验收，成品保护质量检查等，主要采取目测、仪器、试验的检测方法。这些工作都伴随着整个施工过程进行，但是存在一些问题：

① 发现质量问题后，可能因为人的个人行为不能追踪到具体情况而不能准确确定质量原因和责任主体。

② 施工操作质量监测、隐蔽工程检测、工序检测等检测没有及时进行，产生滞后现象，尤其是隐蔽工程检测，这样质量问题就随之而生。

③ 质量监测问题不能及时提供相应的补救措施并整改。

通过 BIM 技术，例如鲁班公司的 iBan 终端，将红外感应器、激光扫描器和全球定位系统集成在一个终端，与互联网连接，将信息及时传入电脑终端，与 BIM 模型相结合，将 BIM 信息化模型导入到质量管理平台实现资源的共享，这样施工人员就能够通过移动终端在信息管理平台进行组织、信息和权限分配，实现施工产品质量控制。

7.6　施工安全管理 BIM 技术

7.6.1　传统模式下建筑工程安全管理应对措施

（1）建设单位安全管理应对措施

落实好开工前的安全管理制度，搞好以安全预防为基本方针的思想教育工作，在制度保障上，将靠人管人的安全管理工作转变为书面的规章制度，建立健全安全生产和消防安全管理制度并组织有关人员定期开展集中检查和日常检查。

资质及开工前审查。资质的检查工作应在开工前后，防止施工单位发生"以包代管"的现象，并审理大中型参建企业的相关专职管理工作者的配置部署，对从事危险性作业人员的相关证件资料进行检查。

安全文明措施费应该严格控制。将有关的费用列入相关的招标文件中，只有对安全相关措施验收合格后才能支付其相关费用，与此同时，要在内部加强自检、互检和专检的工作，提高工程项目安全文明动工标准。

与传统模式下建设单位安全管理相比，BIM 技术对于建筑工程安全管理更加具有优势，可以通过 BIM 相关平台的建设加强建设单位主体责任；在工程建设中数据的整理和汇总可以通过 BIM 软件实现；BIM 应用软件能增加多种监管机制；BIM 技术对实际施工过程的模拟可改变安全教育落后的情况；BIM 技术可以使得建设单位与各参建单位安全责任划分明确，优化安全管理模式。

（2）设计单位安全管理应对措施

方案设计阶段应该遵守与建设工程安全管理有关的条例法令的安排；设计方将安全设计效果作为设计成功与否的重点考察选项；在方案选择时应该把施工安全风险考虑进来。

在图纸的设计过程中将施工工艺和工人的安全考虑到全过程管理中；在一些可能会导致工程隐患发生的重要结构部位和节点处要进行标注；设计师应考虑安全操作以及安全防护等问题；设计师应该为在施工过程中可能会出现的安全问题列出建设性的建议。

在工程建设中，设计者应该积极参与到工程项目技术交底中；对于现场的安全影响较大的关键节点应该派相关设计人员驻场进行安全施工指导。

与传统意义下设计单位安全管理对比研究，BIM 对于项目安全建设更加具有优越性：对于设计单位安全管理投入得不足可通过 BIM 技术平台的建设加强设计单位各责任主体之间的相互交流来改善；利用 BIM 技术一些独有的特点可以进行方案规划的对比找到对安全控制更加合理的方法；BIM 技术可以提前检测出图纸存在的设计不安全因素与安全隐患，优化图纸。

（3）施工单位安全管理应对措施

每月按期开展工程安全管理措施相关讨论，评比优劣并执行奖罚，对于一些安全影响较大的问题，进行专项研究讨论，找出安全问题并提前做好预防措施。

为员工提供安全教育学习的机会，普及安全知识；组织农民工等劳务人员进行夜校学习，提高安全管理水平和安全学习能力。

应该合理使用与安全施工有关的费用，不能只讲进度和成本，要保证这些费用落到实处；在企业应该单独设置一些管理经费，用于项目的安全器械、劳保用品购买，教育培训等。

与传统模式下施工单位安全管理相比，BIM 技术对于建筑工程安全管理更加具有优势，对于施工单位安全管理模式落后和宏观控制能力差等不足，可利用 BIM 技术创新安全管理模式；BIM 技术的模拟功能可以提前找出工程施工中的危险因素，加强事前主动预防；BIM 的三维可视化检查可以找到各专业存在的安全隐患，及时改正；通过 BIM 进行三维的可能出现的隐患部位交底，提升教育培训的效果；对于与项目各参建单位安全管理协调能力差的不足，通过 BIM 信息共享平台加强各方组织协调能力。

7.6.2 基于 BIM 的建筑施工安全管理的组织结构

基于 BIM 的施工安全管理的实施目的如下：

① 安全状况的透明化

施工过程是一个不断变化的过程，因此施工现场的安全状况存在不确定性，而将施工现场安全程度实现最大化是每一位安全管理者坚持不懈追求的目标。施工现场安全状况信息的掌控度与安全事故发生的概率大小息息相关，时刻关系着施工现场的安全程度，也是安全管理的重中之重。通过实施基于 BIM 的施工现场安全管理，可以帮助管理人员实时、准确、有效掌握施工现场的安全状况，以达到增强安全状况透明化的目的。

② 安全管理的直观性

基于 BIM 的施工现场安全管理，将会提高安全管理的直观性，即使是对安全知识不甚了解的新手，也可以通过三维可视化模型直接判断施工现场的安全状况，并对现场进行检查和评价，有一个全方位、全过程的直观了解，可以实现施工现场的有效管理。

③ 安全管理的动态化

施工安全管理过程中的 BIM 技术将施工现场的安全管理细则实时地追踪到每一天，甚至是每一时刻。另外，在三维虚拟场景中对施工场地进行规划布置，设计详细的施工方案并不断完善。通过动态仿真模拟，保证施工现场的安全管理在时间上和空间上的连续性，及时发现不足和缺陷，实现施工安全管理的动态化。

④ 安全管理的程序化

施工过程中 BIM 技术的运用有利于实现从局部到整体、从开工准备到整体竣工的安全管理。在传统管理过程的基础上加入 BIM 技术元素，保证整个施工过程的安全动态管理，规范管理流程，实现施工安全管理的程序化。

如何实现 BIM 模型数据信息的收集、分类、加工、传递、共享是实施基于 BIM 的建筑施工安全管理需要解决的重要问题。为了解决以上问题，将基于 BIM 的建筑施工安全信息组织体系大致分为四个基本功能模块：信息定义模块、信息加工模块、信息输出模块和信息使用模块，并初步探讨了四个基本功能模块主要负责的工作内容。这四个工作模块各负责一部分相对独立的工作内容，但各部分的工作内容之间也具有相应的承接关系和信息传递。

① 信息定义模块

信息定义模块主要完成施工现场所有与本项目的施工安全管理相关的信息的定义工作。需要定义的信息包括：建筑模型、项目施工方案、类型属性信息、实例属性信息和安全信息等。建筑模型可以在 Autodesk Revit 软件里面构建；建设项目的施工方案由设计人员或施工人员提供，通过一定的数据接口导入进来；BIM 建模阶段生成的属性信息是不完整的，需要边建模边丰富定义；对安全信息的定义主要包括施工阶段、施工安全影响因素、施工安全预控措施和施工危害，将施工安全影响因素按照施工阶段分类，分类的过程也是安全信息整合的过程。

② 信息加工模块

对各部分的信息定义之后，还必须对相关信息进行加工处理。不断完善施工安全信息，使得信息内容更加丰富。除此之外，还要对部分信息进行整合，避免出现信息冗余，并对有关信息进行格式转换，便于信息的输出和利用。

③ 信息输出模块

输出模块中数据信息的输出途径包括两种：一种是通过对 Revit 模型中的属性信息进行判断和提取；一种是通过 Navisworks 模型的施工动态模拟，以可视化的直观界面输出所需的安全信息。

④ 信息使用模块

对输出的信息加以利用，可以进行施工安全影响因素的识别，并可以查询施工安全预控措施，在施工前期将识别结果可视化，实时地展现给安全管理人员，实现有效地降低各种安全事故的发生率。

7.6.3　基于 BIM 的施工安全影响因素分类

施工现场的活动过程是动态变化的，随着项目施工的不断推进，施工现场对材料机械等的需求也会发生变化，而施工现场条件也会随着施工进度的变化而变化。传统的施工安全影响因素或根据《生产过程危险和有害因素分类与代码》（GB/T 13861—2022）分为人的因素、物的因素、环境因素和管理因素，或依据《建筑施工安全检查标准》（JGJ 59—2011）中的检查评定项目划分。在前期进行因素识别时，仅分别考虑某一方面因素，忽视了施工进度变化导致的现场条件和需求的变化，导致项目在施工过程中突发安全事故时，现场必须停工进行紧急处理，从而影响工程的进度、成本和施工质量。因此，在识别过程中考虑施工现场的动态变化已成为迫切需要，将施工现场进行分段，对每个阶段进行分别识别，从而实现了对施工安全的动态识别。

按照建筑施工的主要流程，建筑施工作业一般分为施工准备、地基基础、主体结构和装饰装修四个阶段，这四个阶段不仅在空间上具备一致性，在时间顺序上也具备承先启后的关系，而且在结构形式、工程部位、使用材料设备种类等方面具有较大的区别。因此，每个施工阶段发生的安全事故不同，其存在的危险有害因素也各不相同，例如基坑坍塌，只在地基基础阶段才发生。相对于传统的人、机、料、法、环的因素分类方法，作为共性的"人"的因素在不同施工阶段的影响程度也存在差异，因此，施工安全影响因素的分类应该在传统方法的基础上予以改进。需要注意的是，施工过程的各阶段之间不是彼此独立的，而是彼此制约和影响的，因此，依据各阶段不同情况进行的施工安全影响因素识别并不是指等到施工进行到该阶段才开始识别，而是应当在施工前期就综合系统考虑整个项目的施工过程。BIM 技术以建筑信息集成为理念，建造具有项目信息数据的建筑模型，其施工模型可以直观形象地模拟建筑施工的全过程，并展示施工作业阶段的详细情况。

7.6.4　安全管理 BIM 技术主要应用

（1）可视化安全技术交底和安全教育

传统的安全教育和技术交底常常以二维图纸为媒介，通过讲授和影像资料等方式给现场的工人进行安全教育，工人只能通过观看来获取一些基本信息，感知能力相对较弱，个人的热情度不高，就导致了安全教育培训的效果不明显，也为后面的现场安全管理工作带来了隐患。BIM 技术的发展使得安全教育和安全技术交底不仅仅停留在二维阶段，它还可以将人的不安全行为及危险场景进行三维模拟。VR 技术还可以将场景真实化，同时还可以针对不同的工种进行专项训练，使他们掌握不同的专业技能，这种沉浸式的体验和学习达到了施工安全教育的目的，使得体验者体会到了事故的危险性，从而在实际施工中避免事故的发生，另外 VR 体验馆的占地面积较小、可体验的项目较多，可以根据工程的不同进行场景的变换和调整，具有一次投入多次使用等特点。

（2）施工场地的优化

随着工程建设的结构越来越复杂，项目管理的难度也在一直增加。施工场地是一个项目的重要生产基地。工程现场的各种资源如何科学排布与建筑工程的安全有着密不可分的关联，项目方案的合理布置能从源头上减少安全隐患。

传统的施工场地布置是二维静态的，由相关的编制人员在招标阶段依靠自己的经验对场地中的各类资源进行排布，所以不容易去识别方案的合理性，也很难提前发现布置方案中的一些安全问题，进而为后续的工作埋下了安全隐患。BIM 技术可以根据二维的 CAD 平面图进行 1∶1 的翻模，将现场的建筑主体、材料加工棚、道路和施工机械转化为三维动态的现场平面布置图，然后利用漫游及动画等功能对场地中的塔吊连墙件、道路的宽度和弯度、塔臂是否存在相互影响、各类危险标志牌的摆放等危险性较大的资源进行合理的优化与布置。

施工场地的合理布置对于保证施工过程安全顺利进行是很有帮助的，可以减少因不合理布置而增加一些不必要的不安全因素。对于一些需要加工的材料应进行场外加工，在保证建筑施工的条件下，应尽可能不影响正常施工，减少二次搬运。易燃易爆的相关设施（如木工材料、油罐油箱等）应放置在空旷的地方和下风处。

（3）高大空间模板支撑体系的安全管理

近年来，高大空间模板支撑体系（简称高支模）被广泛应用。而高支模作为主体结构承重体系的一个重要部位，其在项目建设中除了承担自重以外，还要承担模板与各种施工机具的重量以及浇筑和振捣时产生的振动等，控制不好可能会产生安全问题。BIM 的兴起为工程建设模式提出了新的管理方向，利用 BIM 的相关特点可以在动工前将这一过程做虚拟可视化的演示，使管理工作者可以更加精准和全方位地了解相应的建设动态，从而降低了施工风险并确保了施工安全。

BIM 技术在高支模安全管理中的应用主要包括：

施工方案的审查。在高支模施工过程中杆件布置是非常复杂的，在审查的时候是非常困难的，很难进行全面无死角的检查，往往会漏掉一些危险因素，为后面的安全管理留下了潜在风险，BIM 技术可以将高支模施工过程动态展示出来，场地的管理人员就能够了解实际情况，提升了工程安全因素检查速度，为以后的安全检测和预警系统提供了相关的支持。高支模施工是一个相对复杂的过程，施工场地比较狭小，实际施工中又会出现施工作业和材料的交叉情况。BIM 技术可以对高支模中杆件的空间位置进行规划，避免了杆件之间因为安全距离不够而导致影响结构稳定性的现象，提前预测危险源并对其位置进行合理的布置，降低事故发生概率，提升高支模现场管理的效率。

一般意义的高支模安全技术交底是靠口头描述和图纸结合的形式进行，可能存在对图纸的解释错误和对施工作业方法的表述不清楚等情况，BIM 技术可以通过三维动画的展示，让现场施工的每个人员都可以清楚地看到每个钢管节点的具体位置，结合 4D 过程模拟还可以查看搭建的重要观察点，使得高支模施工安全有序地完成。

对于经验型的安全控制模式，当高支模坍塌事件出现后才能根据事故的种类及特点制订相关改正措施，给施工现场带来人员和财产的损失，应用 BIM 技术可以根据动态模型的展示提早发现安全隐患，根据实际情况拟定出相关管理计划并进行实时的动态调整。

安全隐患存在于工程建设的各个阶段，而 BIM 数据库包含了一个项目的全部信息，可以对高支模施工中可能会出现隐患的任何阶段进行识别，为安全管理措施的制订提供可靠的依据，保障施工过程的安全性。

（4）临边洞口的安全防护

在建筑业蓬勃发展的趋势下，工程建设项目越来越复杂，施工现场的安全管理工作非常困难。高处作业不可避免，在施工作业过程中很容易在临边洞口处发生安全事故，因此，做好施工现场危险源识别和检查及安全防护工作，对于降低工程安全事故是非常重要的。

关于工程现场临边洞口的管理，应用 BIM 可视化的特性，通过动态漫游发现施工过程中的安全问题，并根据其所在的空间位置创建出适当的三维防护设施模型，对工程项目中存在不合理的地方提前识别和及时处理，为后续安全方案的策划提供了技术支持。

Fuzor 是一款虚拟仿真效果非常好的 BIM 软件系统。在利用 Fuzor 软件进行漫游的过程中，它可以更快更精准地确定临边洞口等危险源的发生部位和原因，并与 Revit 模型同步，将利用 Revit 建立的安全防护族文件载入危险源处，实时更新建筑信息模型。

思考题

参考答案

1. 施工阶段应用 BIM 技术的核心在哪里？

2. BIM 技术在施工质量控制中应用的核心要点有哪些？BIM 技术在施工质量管理中有哪些优势？

3. BIM 在项目管理过程中有哪些方面的应用？应用 BIM 技术进行全过程项目管理的步骤分为哪几步？BIM 模型的深化应用有哪些？

参 考 文 献

[1] 渠立朋. BIM 技术在装配式建筑设计及施工管理中的应用探索[D]. 徐州: 中国矿业大学, 2019.

[2] 范文秀, 王珊珊, 刘英杰. 浅谈现代化装配式建筑 BIM 集成技术[J]. 百科论坛电子杂志, 2018 (8): 215.

[3] 李勇. 建设工程施工进度 BIM 预测方法研究[D]. 武汉: 武汉理工大学, 2014.

[4] HALFAWY M, FROESET M. Component-Based Frame work for Implementing Integrated Architectural/Engineering/Construction Project Systems[J]. Journal of Computing in Civil Engineering, 2007, 21 (6): 441-452.

[5] SONG Y, HAMITTON A, WANG H. Built environment data integration using nD modelling[J]. Journal of Information Technology in Construction, 2007 (12): 429-442.

[6] 杨东旭. 基于 BIM 技术的施工可视化应用研究[D]. 广州: 华南理工大学, 2013.

[7] 马彦. BIM 技术在施工阶段的应用研究[D]. 杭州: 浙江工业大学, 2018.

[8] 赵彬, 王友群, 牛博生. 基于 BIM 的 4D 虚拟建造技术在工程项目进度管理中的应用[J]. 建筑经济, 2011 (09): 93-95.

[9] British Standards Institution. Collaborative production of architectural, engineering and construction information-code of practice: BS 1192: 2007[S].

[10] 苗倩. 基于 BIM 技术的水利水电工程施工可视化仿真研究[D]. 天津: 天津大学, 2011.

[11] 于龙飞, 张家春. 装配式建筑发展研究[J]. 低温建筑技术, 2015, 37 (09): 40-42.

[12] 夏海兵, 熊城. Tekla BIM 技术在上海城建 PC 建筑深化设计中的应用[J]. 土木建筑工程信息技术, 2012, 4 (04): 96-103.

[13] 李天华, 袁永博, 张明媛. 装配式建筑全寿命周期管理中 BIM 与 RFID 的应用[J]. 工程管理学报, 2012, 26 (03): 28-32.

[14] 刘翔宇, 宋景照. BIM 技术在装配式建筑中的应用研究[J]. 工程技术: 全文版, 2017 (03): 00098.

[15] 何艳松. 基于物联网的高新技术产业园区安全管理体系研究[D]. 北京: 首都经济贸易大学, 2019.

[16] 鲁丽华, 孙海霞. BIM 建模与应用技术[M]. 北京: 中国建筑工业出版社, 2018.

[17] 陈谦, 齐健, 张伟. 4D 信息模型对施工过程的影响分析[J]. 山西建筑, 2010, 36 (15): 202-204.

[18] 张坤南. 基于 BIM 技术的施工可视化仿真应用研究[D]. 青岛: 青岛理工大学, 2015.

[19] 徐骏, 李安洪, 刘厚强, 等. BIM 在铁路行业的应用及其风险分析[J]. 铁道工程学报, 2014 (3): 129-133.

[20] 任爱珠. 从"甩图板"到 BIM——设计院的重要作用[J]. 土木建筑工程信息技术, 2014, 6 (01): 1-8.

[21] LIU M, ZHANG J, PENG B Y. BIM technology in the municipal engineering design[J]. Municipal Technology, 2015 (04): 195-198.

[22] 张哲. 工程设计阶段 BIM 技术应用研究[D]. 沈阳: 沈阳建筑大学, 2017.

[23] 刘为. BIM 技术在工程招投标管理中的应用研究[D]. 武汉: 武汉工程大学, 2019.

[24] 张建平, 王洪钧. 建筑施工 4D++ 模型与 4D 项目管理系统的研究[J]. 土木工程学报, 2003 (03): 70-78.

[25] TANG T. A Study on Cost Control of Agricultural Water Conservancy Projects Based on Activity-based Costing[J]. Asian Agricultural Research, 2017, 9 (07): 11-14.

[26] 刘栋，李艳萍，孙鹏．建筑开发商在施工阶段的成本控制研究[J]．建筑经济，2020，18（04）：16-19．

[27] 徐紫昭．基于 BIM 技术的成本管理在某工程中的应用研究[D]．武汉：湖北工业大学，2020．

[28] 高新雅．住宅小区建设全生命周期信息化建设在 BIM 平台中的应用[J]．工程科技，2020，6（06）：76-78．

[29] 甘露．BIM 技术在施工项目进度管理中的应用研究[D]．大连：大连理工大学，2014．

[30] 花昌涛．BIM 技术在项目施工质量管理中的应用研究[D]．合肥：安徽建筑大学，2020．

[31] 孙泽新．建设单位在工程施工中的安全管理[J]．建筑安全，2007（08）：20-21．

[32] 方兴，廖维张．基于 BIM 技术的建筑安全管理研究综述[J]．施工技术，2017，46（S2）：1191-1194．

[33] 郭红领，潘在怡．BIM 辅助施工管理的模式及流程[J]．清华大学学报（自然科学版），2017，57（10）：1076-1082．

[34] 李波．基于 BIM 的施工项目成本管理研究[D]．武汉：华中科技大学，2015．

[35] 王钰．建筑信息化时代下的大国工匠精神——《BIM 技术及应用》课程思政[J]．信息系统工程，2020（5）：167-168．